U0202034

树脂基复合材料
装配连接技术

李　斌　黄频波　编著

西北工业大学出版社

西　安

【内容简介】 本书根据飞行器制造技术及复合材料工程技术等专业的人才培养目标要求及作者多年一线教学实践经验编写而成。本书在简要介绍树脂基复合材料成型工艺以及装配基础知识的基础上,系统介绍了纤维增强树脂基复合材料常见的两种装配主流连接技术——胶接连接及机械连接技术。在内容的编排上以实际应用为出发点,对基础理论知识以必需、够用为原则,重点突出树脂基复合材料装配连接技术应用能力的培养。同时针对部分知识及技能点,以二维码的形式植入了视频、动画等资源作为参考,并且根据航空工业相关标准,精心设计了树脂基复合材料层合板成型、胶接连接装配及机械连接装配任务单,可供实际操作训练使用。

本书可作为高等院校飞行器制造技术及复合材料工程技术等专业相关课程的教材,也可供从事复合材料零部件生产的工程技术人员阅读参考。

图书在版编目(CIP)数据

树脂基复合材料装配连接技术 / 李斌,黄频波编著
. — 西安 :西北工业大学出版社,2022.10
ISBN 978 - 7 - 5612 - 8507 - 7

Ⅰ.①树… Ⅱ.①李… ②黄… Ⅲ.①树脂基复合材料-航空材料-装配(机械) Ⅳ.①V258

中国版本图书馆 CIP 数据核字(2022)第 209958 号

SHUZHIJI FUHECAILIAO ZHUANGPEI LIANJIE JISHU
树 脂 基 复 合 材 料 装 配 连 接 技 术
李 斌 黄频波 编著

责任编辑:杨 军		策划编辑:杨 军	
责任校对:胡莉巾		装帧设计:李 飞	
出版发行:西北工业大学出版社			
通信地址:西安市友谊西路 127 号		邮编:710072	
电 话:(029)88491757, 88493844			
网 址:www.nwpup.com			
印 刷 者:陕西向阳印务有限公司			
开 本:787 mm×1 092 mm		1/16	
印 张:8.75			
字 数:230 千字			
版 次:2022 年 10 月第 1 版		2022 年 10 月第 1 次印刷	
书 号:ISBN 978 - 7 - 5612 - 8507 - 7			
定 价:39.00 元			

前　言

由于树脂基复合材料特殊的成型工艺特点及各向异性、不耐冲击、层间强度低等性能特点,树脂基复合材料零件的装配连接方法与金属零件连接有着极大的不同,影响其连接接头强度的因素多且复杂,这就使得在树脂基复合材料零件结构设计和装配操作过程中,必须综合考虑各种因素的影响并加以控制,才能保证复合材料连接件的质量。比如,碳纤维树脂基复合材料不耐冲击,铆接时不能采用冲击铆接,通常需要用压铆或拉铆进行连接;树脂基复合材料具有各向异性、层间强度低的特点,在钻孔时需要采取一定措施来防止孔出口面分层缺陷;等等。因此,熟练掌握树脂基复合材料装配连接技术对从事树脂基复合材料生产的相关技术人员来说有着重要意义。

本书内容包括树脂基复合材料概述、树脂基复合材料装配基础知识、树脂基复合材料胶接连接技术以及树脂基复合材料机械连接技术等4个模块。本书在内容的选材和处理上,以实际应用为出发点,对于基础理论以必需、够用为原则,简化了理论与公式的推导,突出应用能力的培养,注重理论联系实际,以任务单的形式重点突出了树脂基复合材料胶接连接技术、制孔技术和铆接技术。

本书由成都航空职业技术学院李斌、黄频波编著。其中,黄频波撰写了模块1和模块2,李斌撰写了模块3和模块4,并对全书进行统稿。

在编写本书过程中参阅了相关文献资料,成都航空职业技术学院复合材料工程技术及飞行器制造专业学生提供了部分视频和图片,另外部分视频来源于四川省"十四五"首批职业教育精品在线开放课程"树脂基复合材料成型工艺",在此一并表示感谢。

限于水平和经验,书中难免存在一些疏漏与不足,敬请广大读者批评指正。

编著者

2022 年 6 月

目　　录

模块 1　树脂基复合材料概述

【学习目标】

(1)了解树脂基复合材料结构组成、成型工艺。

(2)掌握复合材料性能特点及其对装配的影响。

(3)掌握层合板结构及夹心结构标记方法。

【学习重点】

树脂基复合材料性能特点、成型工艺、层合板结构及夹心结构标记。

任务 1　认识树脂基复合材料

一、复合材料及其组成

复合材料(Composite Materials,CM)是由两种或两种以上不同性质的组分材料通过复合工艺组合而成的一种多相固体材料。从其组成来看,也可以说复合材料是由基体材料与增强体材料复合而成的。基体材料通常以连续相形式存在,主要是将增强材料连接固型成为一个整体,使复合材料零件获得一定的形状,成型后的基体对增强材料起到支撑保护作用并传递载荷。增强材料通常以分散相(纤维、颗粒等)的形式存在,一般比基体材料的强度高,能增强基体材料强度,是整个复合材料的承载主体。

图 1-1(a)为建筑上用的钢筋混凝土,可以认为它是一种复合材料:水泥混凝土为基体,钢筋的加入增加了基体的强度,钢筋为增强体。图 1-1(b)是碳纤维增强树脂基复合材料制品,网格状花纹是由碳纤维增强材料形成的。

(a)钢筋混凝土　　　　　　　　　(b)碳纤维增强树脂基复合材料零件

图 1-1　复合材料

由图1-1中可以看出,成型后的复合材料在宏观上均可清晰分辨出原组分材料。同时有研究发现复合材料成型时,组分材料在物理和化学作用下复合时,基体相和增强相之间存在明显的结合界面,界面的结构和形态与组分材料有所不同,因此也可以说复合材料是由基体相、增强相和界面相组合而成的。

由此可见,复合材料是由多相材料复合而成的。复合材料与一般材料的简单混合有本质区别,这种复合既能保留原组分材料的主要特点,又能通过材料设计和工艺设计,使各组分材料在性能上互补并彼此关联,从而获得原组分材料不具备的新性能。

复合材料可以是金属与金属复合、金属与非金属复合或者非金属与非金属复合。复合材料的性能主要取决于各组分材料本身的性能、组分材料比例、复合工艺等,其力学性能主要由增强材料的含量和分布决定,而基体材料性能主要影响复合材料的使用温度、压缩性能、剪切性能等。应用时一般根据复合材料零件的性能需求进行设计和制造,因而即使组分相同且外观形状相同的零件,经过设计其性能也会有所不同。

本书主要介绍树脂基复合材料的装配连接工艺,因此应该掌握其性能特点给装配连接工艺带来的影响。

(一)增强纤维

一般能提高基体材料力学性能的物质就是增强材料,复合材料中的增强材料植于基体中,形态有颗粒状、纤维状、薄片状等,图1-2所示为增强材料的不同形态,其中连续纤维的力学增强效果是最好的。

(a) 颗粒　　　　　　　　　(b) 连续纤维　　　　　　　　(c) 短切纤维

图1-2　增强材料不同形态

复合材料的力学承载能力主要来源于增强材料。用作结构材料的聚合物基复合材料中,增强材料大部分以纤维状出现,高性能复合材料则主要选用连续长纤维作为增强材料。

纤维是连续细丝状材料,是能保持长径比(纤维长度与直径的比值)大于100的均匀条状或丝状材料,目前人工合成纤维最细的直径只有几微米,比头发丝还细。纤维单丝很少有实用价值,通常会将多股或单丝组合成为丝束,或在此基础上将纤维经过纺织编织成为各种形状的织物或布来使用。

纤维增强效果受纤维本身的性能、纤维的体积分数及其尺寸分布等参数影响。纤维具有各向异性,即纤维沿其纵向有很高的拉伸强度,而横向纤维拉伸强度低,用连续长纤维(纤维长丝要求长度比其直径大100倍,且长度不小于5 mm)沿着纵向规则排列制成的复合材料零件,可承受较大的纵向拉伸载荷。但由非定向的短切纤维制成零件时,不太容易实现纤维规则排列,其性能呈现各向同性。

　　增强纤维材料来源有天然纤维和化学纤维。天然纤维是在自然界可以直接获取的纤维,如棉、麻等植物纤维及毛发、蚕丝等动物纤维。工业上应用广的主要是人工合成纤维,有碳纤维、玻璃纤维、芳纶纤维、硼纤维、碳化硅纤维、超高强聚乙烯纤维等类型,航空领域最常用的是碳纤维、玻璃纤维、芳纶纤维。复合材料几种常见纤维与金属材料综合性能比较见表1-1。

表 1-1　复合材料几种常见纤维与金属材料综合性能比较

纤　维	成　本	密度 $(g \cdot cm^{-3})$	抗拉强度 MPa	模量 GPa	比强度 10^6 cm	比模量 10^7 cm	韧　性	耐热	抗冲击
E-玻璃纤维	低	2.54	2 400(中)	72.5(差)	12.6	28.54	良	良	良
芳纶纤维	中	1.44	2 800(良)	126(良)	1.94	87.50	优	差	优
高模碳纤维	高	1.7	4 000(优)	240(优)	23.52	141.18	差	良	差
硼纤维	高	2.36	3 430(优)	382(优)	1.17	161.86	良	优	良
高强铝合金	低	2.7	470(差)	69(差)	0.19	25.56	良	优	良
高强钢	低	7.8	2 000(中)	208(优)	2.56	26.67	良	优	良

　　硼是一种脆性材料,很难直接拉制成纤维,一般是将硼在钨丝或碳丝上通过化学气相沉积而成硼纤维。硼纤维具有较高的强度和模量、价格昂贵,硼复合材料加工困难,所以目前应用不多,很少用于增强树脂。但国际上用复合材料修理金属飞机结构零部件时,用硼/环氧复合材料。

　　目前复合材料发展较成熟,航空上常用的结构复合材料主要是用具有较高强度和模量的碳纤维或者芳纶纤维作为增强材料的树脂基复合材料。由于碳纤维的拉伸强度和模量都很高,密度也很小,比强度和比模量都比较高,在航空上应用具有很大的优势,因此目前应用最广的复合材料是碳纤维树脂基复合材料。

1.碳纤维(Carbon Fiber,CF)

　　碳纤维是由90%以上的碳元素组成的一种特种纤维,一般是由含碳量较高的有机高分子纤维(聚丙烯腈纤维、黏胶丝或沥青纤维)经过专门的碳化处理得到的。

　　碳纤维具有较低的密度和高强度、高模量,使其具有最突出的优点:比强度、比模量远高于其他材料(如高强合金钢、钛合金和铝合金),也高于其他增强纤维,同时还具有耐高温、耐腐蚀、化学性能稳定、低热膨胀等优良特性,广泛用于航空航天、体育休闲用品及其他工艺品中。碳纤维及其复合材料制品如图1-3所示。

(a)碳纤维　　　　　　　(b)碳纤维织物　　　　　(c)碳纤维复合材料制品

图 1-3　碳纤维及其复合材料制品

几种碳纤维的基本性能见表1-2,结合表1-1可见,碳纤维的拉伸强度超过了高强度合金钢及铝合金。

表1-2 几种碳纤维的基本性能

纤维牌号	密度/(g·cm⁻³)	拉伸强度/MPa	拉伸弹性模量/GPa	断裂伸长率/%
T300	1.76	3 530	230	1.5
T700	1.80	4 900	230	2.1
T800H	1.81	5 490	294	1.9

航空制造及维修领域将强度和刚度相当于或超过铝合金,能用于主承力结构和次承力结构的复合材料称为先进复合材料,碳纤维已经成为先进复合材料中最常用也最重要的增强材料。

1959 年碳纤维问世,20 世纪 60 年代中期出现碳纤维复合材料,碳纤维复合材料零件开始有所使用,飞机结构始于 70 年代初期,获得了其他先进技术难以达到的减重效果,飞机结构减重达到 20%~30%。此后,碳纤维复合材料在航空航天领域的应用日益广泛,逐渐从次承力结构到主承力结构,已迅速发展成为继铝、钢、钛之后的第四种航空航天结构材料之一。

2.玻璃纤维(Glass Fiber,GF)

玻璃是一种很脆的物质,然而玻璃经过加热融化拉成比头发丝还要细的纤维后,就变得比较柔软,而强度超过同样粗细的不锈钢丝。玻璃纤维(简称玻纤)的化学组成主要是 SiO_2 及一些碱金属氧化物,玻璃纤维直径约 5~50 μm,纤维越细,其力学性能越好。玻璃纤维具有不燃、不腐烂、耐热、拉伸强度高、电绝缘性好、热膨胀小等优点。玻璃纤维及其复合材料制品如图1-4所示。

(a) 玻璃纤维 　　　　(b) 玻璃纤维织物 　　　　(c) 玻璃纤维复合材料制品

图1-4 玻璃纤维及其复合材料制品

玻璃纤维按化学成分不同有 E-玻纤、C-玻纤、S-玻纤。

E-玻纤也称无碱玻璃纤维,碱金属化合物含量<1%,具有高电阻性、良好的电绝缘性。常用于要求电磁特性处,如雷达天线罩等。

C-玻纤是中碱玻璃纤维,含碱金属化合物 11.5%~12.5%,耐化学腐蚀,价格低。

S-玻纤又称为高强度玻璃纤维,属于高性能玻璃纤维,比 E-玻纤拉伸强度高 35%,弹性模量约 85 GPa,主要用于对强度要求较高的树脂基复合材料,一般航空领域结构上常用的都是 S-玻纤,如发动机壳体、高压容器、救生艇等。

几种常见玻璃纤维的性能见表1-3。

由表1-3可看出,玻璃纤维的拉伸强度和断裂伸长率均较高,但其主要缺点是弹性模量相对较低,只有普通钢材弹性模量的1/3,所以玻璃纤维复合材料一般不用在受力较大的结构上。

表1-3 几种常见玻璃纤维的性能

纤维牌号	密度/(g·cm^{-3})	拉伸强度/MPa	拉伸弹性模量/GPa	断裂伸长率/%
E-玻璃纤维	2.58	3 700	72.4	3
S-2玻璃纤维	2.49	4 580~4 850	86.9	5.4
C-玻璃纤维	2.46	3 310	74	4.8

此外,玻璃纤维也是一种优良的电绝缘材料。碳纤维及织物主要用于制造飞机的主承力构件,玻璃纤维及其织物主要用于制造雷达罩和舱内装饰部件、天线罩等。

3.芳纶纤维

芳纶属于聚芳酰胺纤维,最早由美国杜邦公司开发并生产,主要牌号为Kevlar。芳纶是一种柔性高分子,断裂强度高,具有良好的机械性能,目前用于制作各类结构部件,如防弹制品、轮胎等软复合材料体系。芳纶纤维及其织物如图1-5所示。

(a)芳纶纤维　　　　　　　　　(b)芳纶纤维的其织物

图1-5 芳纶纤维及其织物

与玻璃纤维比较,芳纶纤维的弹性模量较大。几种芳纶纤维的基本性能见表1-4。Kevlar-129主要用于防弹产品,Kevlar-49,Kevlar-149用于航空领域,如发动机壳体、飞机的各种零部件等。

表1-4 几种芳纶纤维的基本性能

纤维牌号	密度/(g·cm^{-3})	抗拉强度/MPa	拉伸弹性模量/GPa	断裂伸长率/%
Kevlar-49	1.44	3 620	124	2.96
Twaron	1.45	2 560	106	2.4
1414	1.45	2 890	103	2.7

(二)树脂基体

在复合材料成型过程中,基体材料将增强纤维黏结成具有一定形状的整体,起着黏结增强纤维、成型零件以及保护增强材料、传递载荷的作用。复合材料的耐热性、吸湿性能、耐化学性及工艺性等性能主要取决于基体的性能。

树脂基体的工艺性直接关系到复合材料的成型方法和工艺参数的选择。树脂通常分成热固性树脂和热塑性树脂两大类。

热固性树脂通常在固化剂作用下发生化学反应,一旦发生化学反应后固化,其固化成型过程不可逆,交联固化后生成不熔不溶的三维网状高分子结构,再次加热或加压也不会再度软化或流动,也不能溶解,温度再继续升高则只会发生分解或碳化。固化后的树脂一般具有一定硬度,但比较脆,因此大多数热固性树脂通常会作为基体材料,通过加入粉末、纤维或布等材料进行增强。

热固性树脂固化前一般是相对分子质量不高的固体或黏稠的液体,具有可塑性,在复合材料赋型成型过程中能软化或流动,其固化过程分为三个阶段:A 阶段属于凝胶阶段,液体树脂从黏流态逐渐到失去流动性;B 阶段为定型阶段,失去流动性的树脂逐渐凝固,形似橡胶,定型阶段后期树脂表面有一定硬度;C 阶段为树脂的熟化阶段,树脂变硬成为固态,形似玻璃,获得一定的力学性能。

热固性树脂包括环氧树脂,不饱和聚酯树脂、酚醛树脂,双马来酰亚胺树脂,聚酰亚胺树脂等。在航空航天复合材料的高性能树脂基体中主要是环氧树脂、双马来酰亚胺树脂、聚酰亚胺树脂等。

热塑性树脂是指可以循环反复进行加热软化、冷却固化的一大类合成树脂,热塑性树脂的优点是材料利用率高加工成型简便,具有较高的机械性能,缺点是耐热性和刚性较差。

1.环氧树脂

环氧树脂是指分子中含有两个或两个以上活性环氧基团的有机高分子化合物。环氧树脂其本身不能单独使用,只有加入固化剂,使固化剂与树脂发生反应生成网状结构的聚合物,才有相应的应用价值。环氧树脂的品种很多,分子结构以分子链中含有活泼的环氧基团为特征,环氧基团可以位于分子链的末端、中间或成环状结构,这种活泼的环氧基团使得它们可以与多种类型的固化剂发生交联反应,生成三维网状结构的固化物。

固化剂是环氧树脂必要的辅助材料,固化后环氧树脂的性能不仅依赖于环氧树脂的结构,同时也依赖于固化剂的用量和类型。

环氧树脂固化时选用不同固化剂,可获得耐热性不同的环氧固化物。在航空领域,通常按环氧树脂固化温度的不同将环氧树脂基复合材料分为低温固化(固化温度低于 100℃)、中温固化(固化温度为 120～150℃)、高温固化(固化温度 150℃以上)三类。

常温固化的环氧树脂及其固化剂如图 1-6 所示。

图 1-6 常温固化的环氧树脂及其固化剂

低温固化的环氧树脂基复合材料,不需要耐高温模具、高能耗设备、耐高温等高性能工艺辅料,因此构件成型相对成本较低。同时低温固化时复合材料构件变形量小,尺寸精度较高,复合材料构件的尺寸稳定性较好。

中温固化的环氧树脂基复合材料最高使用温度一般在 100℃ 以下。与低温固化的复合材料相比较,中温固化的复合材料具有更优良的力学性能、成型周期也较短,与高温固化体系的复合材料相比较,中温固化则具有更低的成本。

高温固化的环氧树脂基复合材料最高使用温度可达 130～150℃,具有优良的力学性能、韧性和耐湿热性能。制成的预浸料在室温下的储存期较长,一般超过 6 个月。工艺操作性不如低温和中温固化预浸料,成型工艺主要适用于热压罐和模压工艺。

环氧树脂固化后具有优良的力学性能、良好的工艺性和较低的成本,因此成为应用最广泛的一类复合材料树脂基体。其主要有以下优点:

(1)优异的综合力学性能。环氧树脂具有很强的内聚力,分子结构致密,力学性能高于酚醛树脂和不饱和聚酯树脂等通用型树脂。

(2)固化收缩率小。环氧树脂是热固性树脂中固化收缩率最低的材料,其固化收缩率一般为 1%～2%(不饱和聚酯树脂为 4%～6%,酚醛树脂为 10%,有机硅树脂 8%),环氧树脂的线膨胀系数也不高,因此固化后的体积变化不大,制品尺寸稳定性好。

(3)工艺性好。环氧树脂体系具有优良的工艺性,在常温下具有较低的黏度,因此流动性好,与固化剂及其他添加剂混合比较容易。和双马来酰亚胺、聚酰亚胺和热塑性复合材料体系相比,环氧树脂的预浸料一般具有良好的黏性和铺覆性,成型固化温度和成型压力相对较低(一般小于 0.7 MPa)。环氧树脂固化时基本不产生低分子挥发物,也可以低压成型,适合多种成型工艺,如热压罐成型、真空袋成型、RTM 和模压成型等。

(4)有绝缘性,环氧树脂是热固性树脂中介电性能最好的材料。

(5)黏附力强。环氧树脂中含有极性羟基(—OH)、醚键(C—O—C)以及反应活性很高的环氧基团,因此对各类物质均具有高的黏结力,比如铝合金黏结,采用高温固化环氧胶黏剂,其抗剪切强度超过 20 MPa。环氧树脂固化物对金属、陶瓷、玻璃、木材等均有较强的黏附力,环氧树脂可以作为黏结剂、涂料和复合材料的树脂基体使用,目前广泛应用于水利、汽车、机械、航空等领域。

2.酚醛树脂

酚类化合物与醛类化合物缩聚而得的树脂统称为酚醛树脂。酚醛树脂是工业上应用得最早的合成树脂。用它制得的复合材料具有耐热性高、能在 150～200℃ 范围内长期使用、吸水性小、电绝缘性能强、耐腐蚀、尺寸稳定等特点,耐烧蚀比环氧树脂、聚酯及有机硅树脂都好。但强度不如环氧树脂。某酚醛树脂加入 33% 高强度玻璃纤维复合材料经过测试:抗拉强度达 158 MPa,弹性模量 10 542 MPa。此外,酚醛树脂还具有原料充足、价格低廉的优点。因此,酚醛树脂复合材料已广泛地在电机、电器及航空领域中用作电绝缘材料以及耐烧蚀的结构材料。但由于酚醛树脂在固化过程中有挥发性副产物生成,须施加较高的成型压力(60～500 kg/cm²),故对大型制件的应用受到一定的限制。

3.双马来酰亚胺树脂(简称双马树脂 BMI)

双马树脂的双马来酰亚胺分子端含有活泼的双键,可以进行各种化学反应形成均聚物共聚物,是航空器上先进树脂基复合材料中一种常用热固性树脂基体。其工艺性比环氧树脂差,熔点高,可溶解性差,制成的预浸料硬、无黏性、固化温度高,目前所有的高韧性双马树脂基复合材料体系只适宜通过热压罐或模压成型。其固化物脆性大,但有较好的耐热性,可以在150～250℃温度工作,其耐热性优于环氧树脂,同时具有耐湿热、耐辐射、热膨胀系数小等特点。双马树脂复合材料作为耐高温结构材料和透波结构材料已经广泛应用于航空航天主承力结构,如军机的尾翼、飞机骨架等。蜂窝结构的平板材料,用于飞机地板、隔离墙、排气系统管等。

4. 聚酰亚胺树脂

聚酰亚胺树脂是目前产量最大的一类耐高温树脂,具有优异的耐高温性能和抗氧化性,能耐温可达350℃左右,可用于制造电路板和发动机部件耐热复合材料构件,有突出的耐辐射和良好的电性能,但工艺性较差。作为复合材料树脂基体的聚酰亚胺一般是热固性聚酰亚胺。PMR型聚酰亚胺复合材料是目前使用温度最高的热固性树脂基复合材料,主要应用于制造航空航天飞行器中各种耐高温结构部件,长期工作温度为320～371℃,据报道其已经用于B-2隐形轰炸机的机身基材。

5. 热塑性树脂

热塑性树脂属于线型高分子材料,在特定温度范围内能反复加热软化和冷却硬化。热固性树脂常温下为固体,受热时软化,便于重复加工使用,具有更好的韧性,但一般成形温度高,生产成本高,故目前复合材料的树脂基体仍是以热固性树脂为主。热塑性树脂有聚丙烯(PP)、聚碳酸酯(PC)、聚醚醚酮(PEEK)、聚砜树脂、聚醚砜树脂、聚醚醚砜树脂、聚苯硫醚、聚醚酰亚胺、聚酰亚胺树脂,其中PEEK是最常用的热塑性树脂,密度为1.3 g·cm^{-3},耐热温度达到240℃,熔融温度为340℃左右,施工温度为360～400℃。

常见树脂基体的综合性能比较见表1-5。

表1-5 常见树脂基体的综合性能比较

树脂类型	热固性树脂					热塑性树脂（PEEK）
	聚酯	环氧	酚醛	双马来酰亚胺	聚酰亚胺	
工艺性	优	优	良	优	差	良
力学性能	中	优(抗拉强度 85 MPa)	中(抗拉强度 56 MPa)	优(抗拉强度 84 MPa)	良(抗拉强度 75 MPa)	优(抗拉强度 93 MPa)
耐热性/℃	约80	150 以下	177	250 以上	250 以上	240
成本	低	中	低	中	高	高
尺寸稳定性	良	优	优	优	优	优
韧性	差	良	差	良	差	优
常用增强纤维	玻璃纤维	碳纤维、玻璃纤维	玻璃纤维	碳纤维	碳纤维	碳纤维
应用范围	用于次要结构或座舱内部、内装饰件	应用最广,用于主承力结构,次承力件、主承力件	用于次要结构、内装饰件	结构性能好,中等耐热,可代替环氧树脂	适用于高温主承力件	主承力件

航空器结构上用的复合材料目前主要以热固性树脂为基体。其中环氧树脂工艺性较好，固化收缩小，加工容易，使用最为广泛；其次是双马来酰亚胺树脂。热塑性复合材料有更好的耐温性能和韧性，便于整体成型和再加工，但成型温度高，生产成本高，发展应用受到一定限制。

（三）预浸料

预浸料是将纤维或织物预先浸渍一定含量的树脂后制成的一种有黏性的半干状态还未固化的片状材料。预浸料是由 B 阶段的树脂和增强材料组合而成的半成品，是制造复合材料制品的中间材料。

预浸料由专门厂家生产，将浸渍过树脂的增强纤维，经过涂膜热压冷却卷取等工艺加工而成。预浸料中的树脂及纤维比例容易调节，树脂含量容易控制，树脂均匀性较好，其从原材料到预浸料的生产过程能够严格进行质量控制，具有性能稳定、质量可靠等优点。预浸料适用于自动化生产，可以方便地使用自动剪裁设备进行裁剪下料，纤维方向准确，可获得高品质的复合材料制品，但是预浸料的价格较高。

预浸料的品种和性能由树脂基体和纤维类型确定。规格由其宽度、树脂含量和单位面积纤维质量确定。

1.预浸料类型

预浸料按树脂性质分类，有热固性树脂预浸料和热塑性树脂预浸料。

预浸料按纤维排列形式分类，有单向预浸料和织物预浸料，如图 1-7 所示。预浸料一般包括预浸料本体及两侧的保护层，一面为隔离纸（或称离型纸），一面为透明的塑料膜。隔离纸一方面用来防止预浸料相互粘连，另一方面使得收卷方便，还可以防止单向带的横向开裂，同时也为后续的预浸料切割和铺叠带来便利。

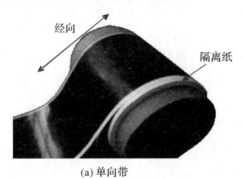
（a）单向带

（b）织物预浸料

图 1-7　预浸料

单向预浸料又称单向带，由树脂浸渍单向长纤维（连续纤维按长度方向整齐地平行排列，具有一定的厚度和宽度）后收卷形成筒状，沿其收卷方向为经向。单向带的纤维直且连续，制成的复合材料力学性能好，具有突出的各向异性，沿着纤维纵向（沿纤维的长度方向或称轴向）的拉伸强度远高于横向。使用时可以根据结构件的受力方向进行设计，在其受力方向铺设更多的纵向纤维，可以在满足强度的前提下减轻重量，充分发挥纤维的承载能力。因此单向预浸料为设计人员提供了充分的可设计性。但单向带的铺放工艺性不如织物预浸料。

单向带根据宽度、树脂种类、含量和单位面积质量不同，有不同的品种和规格。如其宽度通常为 300 mm 或 600 mm，树脂含量通常为 35%±2%，厚度通常为 0.125 mm。

织物预浸料是由树脂浸渍织物制成的预浸料。二维织物类似于布料,由纱线或丝束编织而成,编织时分有经向和纬向两个方向,经向和纬向相互垂直,预浸料的收卷或者展开方向为经向,纬向与预浸料的收卷方向垂直。纤维沿经向和纬向按比例(一般 1∶1)分配并编织而成,如平纹、斜纹和缎纹编织等。平纹是最简单的编织形式,经纬线上下交替一根压一根地平行穿过。在平面内沿纤维的编织方向具有较高的强度,单层织物预浸料的厚度一般比单向预浸料厚,也有不同规格。织物预浸料便于制造形状复杂的复合材料结构,工艺性好易铺叠,但纤维经过编织,其复合材料力学性能下降,抗断裂和层间分离能力强,制件的损伤容限较高。国外在复合材料结构制造及修理中多用织物预浸料。

2.预浸料的贮存与使用

预浸料通常以卷材、片材形式密封于塑料袋内,并且一般要在低温(−18℃)下运输和储存。预浸料需要密封后放入冰柜中保存,如图 1−8 所示。

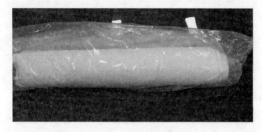 

(a) 预浸料用塑料袋密封　　　　　　　　　(b) 密封后的预浸料放入冰柜

图 1−8　预浸料的存储

预浸料中的树脂在常温下呈现半干态,有一定黏性以便于铺层。黏性是预浸料的主要工艺参数,也是预浸料储存过程中判断性能是否符合要求的指标。黏性是指预浸料表面的粘贴性,即预浸料自身相互粘贴及其与模具能够粘贴能力。如果预浸料黏性过小不好铺贴,可以通过加热的方式提高黏性,可用烤灯、电吹风、烘箱、加热板等;如果黏性过大,在粘贴过程中出现铺层错误要能够容易更改,可以通过降温冷却的方式减小黏性。

预浸料储存时间和温度会影响预浸料的寿命,使用时要求检查预浸料的保质期,填出库单;然后置于净化间内,在密封状态下自然解冻 6 h;等待外包装无冷凝水产生再拆封;在预浸料使用前应检查是否有黏性、无水、无油、无灰尘、无损伤、无褶皱。通常预浸料超过了保质期,则黏性不合格。

3.预浸料主要特点

(1)预浸料的原材料质量控制容易,性能稳定,质量可靠;树脂分布均匀性、纤维方向性、纤维分布均匀性较好,可保证纤维体积分数和力学性能的稳定性,树脂含量比较均匀、质量比较稳定,孔隙率低,制成产品性能好,表面质量高,能有效保证复合材料制件的性能和质量。

(2)树脂基体和纤维的比例可调,纤维和树脂的含量容易控制,能充分利用各向异性的特点进行铺层设计。

(3)预浸料制备过程中,树脂中的溶剂水分得以排除,容易制成孔隙含量低的、品质高的复合材料。

（4）复合材料制品成型过程中，直接采用预浸料铺贴使用，改善了生产环境，免除了现场调胶刷胶及树脂浸润过程，避免纤维飞扬、树脂流溅、空气污染等，有利于文明生产。

（5）预浸料铺贴比较方便，纤维有半固态的树脂黏住使其不易散开，铺贴过程中的纤维方向容易控制，制品力学性能容易控制。

（6）运输和储存需要低温（−18℃或−12℃）条件。

（7）价格较高。

二、复合材料分类及命名

(一)复合材料分类

复合材料按增强体形态可分为纤维增强复合材料、颗粒增强复合材料、片材增强复合材料。其中，纤维增强复合材料在飞机结构中应用广泛。

复合材料按增强纤维种类可分为碳纤维复合材料、玻璃纤维增强复合材料、芳纶纤维增强复合材料等。

复合材料按基体材料类型分为聚合物基复合材料、金属基复合材料、陶瓷基复合材料。其中聚合物基复合材料应用广泛。金属基、陶瓷基、碳基复合材料均属高温复合材料，按能承受温度的高低排列依次为碳-碳基（2 000℃）、陶瓷基（1 000℃）、金属基（600℃）。聚合物基复合材料也称树脂基复合材料，一般耐温不超过400℃，但由于树脂基体密度低，用连续纤维进行增强后形成的复合材料通常具有较高的比强度、良好的抗疲劳性能、高的破损安全性以及便于大面积整体成形等优点，已经广泛应用于航空领域，同时在体育、汽车、医疗等领域也得到了应用，是目前发展最迅速、应用最为广泛的复合材料。

民用的树脂基复合材料以玻璃钢为代表，玻璃钢是以玻璃纤维为增强体、以树脂为基体的复合材料，强度相当于普通合金钢但比钢要轻，因此玻璃钢能承受一定载荷，可作为结构材料使用。玻璃钢最早应用于船舶，在飞机上应用则是20世纪40年代用于美国"蚊式"等飞机机体结构的制造上，但由于玻璃钢自身固有的某些弱点，一般不用于主承力结构。

航空领域应用的树脂基复合材料则以碳纤维树脂基复合材料为代表，由于其具有诸如强度高、模量高及疲劳强度好、耐腐蚀、便于大面积整体成型、可减少紧固件重量等优点，已经作为重要的结构材料在航空领域加以应用。

(二)复合材料命名

复合材料的命名有3种方法：强调基体，如树脂基复合材料；强调增强体，如碳纤维增强复合材料；增强材料在前，两者并用表示具体材料，如碳纤维增强树脂基复合材料。

常见复合材料英文缩写：

（1）PMC（Polymer Matrix Composite）聚合物基复合材料。

（2）MMC（Metal Matrix Composite）金属基复合材料。

（3）CMC（Ceramic Matrix Composite）陶瓷基复合材料。

（4）FRP（Fiber Reinforced Plastic）纤维增强塑料，也称为纤维增强树脂基复合材料。

（5）CFRP表示碳纤维增强树脂基复合材料，GFRP表示玻璃纤维增强树脂基复合材料。

任务 2 了解树脂基复合材料成型工艺

复合材料零件的成型完全不同于传统的金属零件的制造,复合材料零件的性能与制造工艺密切相关,在很大程度上取决于制造技术和过程。

在树脂基复合材料的成型过程中,主要包括赋型、固化、脱模几个过程。赋型是在模具上对树脂和增强材料赋予一定形状,将增强材料及树脂按产品的外形及尺寸要求,铺置成一定形状的过程;固化是使树脂固化从而能够让赋型后的复合材料制品获得固定形状的过程;脱模是将固化成型后的复合材料制品从模具中取出的过程。不管哪种成型工艺都会包含这几个过程,不同的是赋型和固化时所采用的方法或设备有所不同。

根据赋型方式不同,成型工艺包括一步成型法和两步成型法。

一、一步成型法(湿法成型)

一步成型法(湿法成型)是赋型时直接将液态树脂与增强材料混合后施加在模型上或模腔内然后固化成型的方法,包括手糊成型、挤压成型、浇注成型和喷射成型。湿法成型的工艺和设备都比较简单,但在固化时制品中容易形成气泡、树脂分布不均匀、容易形成富胶和贫胶区,难以保证产品质量。一般以连续纤维作为增强体的高性能复合材料不用这种方法。

(一)手糊成型

手糊成型是复合材料生产中最早使用和工艺最简单的一种方法,是手工将增强材料和树脂交替铺覆在模具上,增强材料浸润树脂后黏结固化成型的工艺。在我国复合材料生产中,手糊成型所占比例仍然很大,主要原因是与其他成型技术相比,手糊成型操作简单,不需要专门的设备,所用工具简单,设备投资少,因此工艺成本低、生产费用低,不受制品形状和尺寸限制,能生产大型结构复杂的制品,制品的可设计性好,模具制造简单等。但是手糊成型对操作者的技能水平依赖较大,制品质量不易控制,生产率低,劳动强度大,生产环境差。随着复合材料工业的发展,手糊成型工艺也面临着挑战。目前手糊成型是制造玻璃钢制品最常用的方法,适于多品种、生产量小的大型玻璃钢制品的生产,在船舶、汽车、建筑等领域都得到了广泛的应用,如汽车车体、船壳体、大型雷达天线罩、风力发电叶片等大中型制品的制造。

手糊成型的典型工艺流程如图 1-9 所示:先准备好模具及增强材料,模具的处理需要清洁模具并在清洁干燥的模具铺贴型面上涂刷脱模剂,增强材料的准备是按每一铺层要求的尺寸、形状及铺层角度裁剪好各铺层,再调配树脂;然后进行手工糊层操作;最后在一定压力和温度下使树脂固化、脱模、修型后获得复合材料制品。

1.生产准备工作

(1)工作场地准备:要求清洁干燥,通风良好,温度适宜。制品成型后加工修整阶段要求有抽风除尘设施。

(2)模具准备:包括对模具进行清理、除尘、清洗、干燥、涂脱模剂。模具清理时应检查模具表面不应有损伤,清理模具表面后清洗干净;然后刷涂脱模剂,脱模剂应根据模具及树脂固化温度选择。手糊成型一般固化温度低,通常采用脱模蜡,也可以用塑料薄膜。脱模布用于表面较为平整的模具,一般用于高温固化场合。脱模材料的选择与施工的正确性是固化成型后的复合材料制品能够脱模的关键。

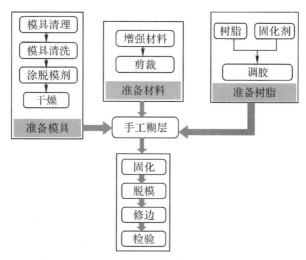

图 1-9　手糊成型的典型工艺流程

抛光、除尘、清洗、涂脱模蜡等模具准备工序,如图 1-10 所示。

(a) 打磨或抛光　　　　　　　　(b) 除尘

(c) 清洗　　　　　　　　　(d) 涂脱模蜡

图 1-10　抛光、除尘、清洗、涂脱模蜡等模具准备工序

　　(3) 增强材料准备:按各铺层要求的形状尺寸及纤维方向剪裁好增强材料。

　　(4) 树脂准备:手糊成型时,由于杯子、搅拌、毛刷等辅助工具会沾走浪费一部分胶液,考虑含胶量,一般可取树脂与增强材料的比例为 1.1∶1,或者采用 1∶1 称重后额外加 3~5 g 损耗。配制树脂胶液要求固化剂和树脂按产品要求的比例均匀混合,混合时应沿着一个方向搅拌,防止胶液中混入气泡。配

脱模布铺贴
操作演示链接

胶应在其他准备工作完成后再进行,避免因准备工具耗材等导致配制好的胶液因放置时间过长变得黏稠甚至发生固化反应。

2.手工糊制

脱模剂涂刷
操作演示链接

手工糊制操作必须按规定的铺层顺序及铺层角度,刷一层树脂放置一层纤维织物。具体操作:先在模具上涂刷树脂,再铺贴第1层纤维织物,用刷子或刮板推挤织物使其均匀浸润树脂排除气泡后,再涂刷树脂和铺贴第2层纤维织物,反复这一过程直到铺完所需层数。

还可以按照预浸料的制作方式准备足够所有铺层的一整张增强织物:准备比织物轮廓尺寸大20 mm的塑料膜两张,增强材料称重后配制树脂,在平板上先放一层塑料膜,刷上树脂再放增强织物、刷树脂、放塑料膜,然后在塑料膜上用刮板将树脂刮均匀,使纤维均匀浸润树脂,各铺层按规定铺层角度及形状尺寸大小进行排版画线并做好各层标记,连塑料膜一起裁剪好。在模具上按塑料膜上标记的铺层顺序进行铺层,先撕去下层塑料膜,铺贴好后用刮板刮平去除气泡防止褶皱,在下一铺层即将铺叠时再撕去上层膜,反复这一过程即可。

3.加压固化

固化是将已铺置成一定形状的复合材料半成品,在预定温度、时间和压力等因素影响下使其形状固定下来,液态树脂变为固体并能达到预期的性能要求。完成积层后的复合材料半成品进行固化,一般可采用常温下加压自然固化,或者根据树脂固化温度要求,制作真空袋(参考后续热压罐成型章节)在烘箱内进行抽真空加热固化。加压固化可以防止固化过程中增强材料扭曲变形及固化后的材质疏松,成型后的复合材料性能好。

4.脱模

将复合材料制品从模具上取下来即可得到复合材料制品,这一过程即为脱模。脱模是否成功主要取决于脱模剂是否有效和模具结构形状设计是否合理。比如低温使用的脱模蜡用于130℃固化的复合材料零件将失去脱模作用。由于复合材料不耐冲击,在脱模过程应避免直接在复合材料零件上敲击,防止造成局部损伤。可以沿着复合材料制品边缘用木楔子或塑料起模,避免划伤模具,严禁铁锤敲打。

二、两步成型法(干法成型)

两步成型法(干法成型)是指赋型时分成两个步骤:第一步,将纤维和树脂浸润后制成片状的预浸料;第二步,将预浸料铺贴在模具上赋型,最后固化成型后脱模获得复合材料制品。由于预浸料的制备由专门的生产车间进行,容易实现专业化、规范化,树脂含量均匀,质量容易控制,能有效保证复合材料制品的性能,且在制作复合材料零件时省去了调配树脂和刷胶、树脂浸润的过程,只需要将预浸料按规定形状及角度铺贴在一起,操作过程更为简单,制品孔隙率容易控制,制品质量也比较稳定。

高性能树脂基复合材料制品大都采用干法成型。干法成型方法包括热压罐成型、模压成型、真空辅助热压成型等。

（一）热压罐成型

热压罐是一种用于固化树脂基复合材料制品的设备，主体是一个卧式的内外圆筒形罐体，具备加温、加压、抽真空、冷却等辅助功能。热压罐成型利用热压罐内均匀的温度场和空气压力对复合材料预浸料叠层坯料进行加热、加压以完成固化成型。罐内的温度和压力分布均匀，可保证高性能树脂基复合材料的成型需求，成型后的制件树脂含量均匀、孔隙率低、内部质量好，所以航空航天领域大部分承载较高的结构件多采用预浸料铺层＋热压罐成型工艺进行制作。但该法设备投资较大，配套运行维护成本比较高，且制件尺寸受热压罐尺寸限制，主要用于制造重要的大型板壳、复杂型面的复合材料成型。图 1-11 所示为罐体直径为 1 m、长度为1.5 m 的热压罐。

图 1-11　热压罐

热压罐成型工艺由于采用预浸料进行制作，除了模具准备工作外，还有以下几个比较重要的工序。

1.预浸料裁剪下料

预浸料裁剪下料是根据制品的结构几何形状及受力方向所确定的纤维方向裁剪出预浸料各层铺层，分为预浸料手工下料和预浸料自动下料两种。

（1）预浸料手工下料是工人使用剪刀或美工刀按照下料样板或按下料图样画线后，对预浸料进行手工裁剪切割。形状简单的铺层也可以量取尺寸后以钢板尺作为导向工具用美工刀直接切割下料。手工下料尺寸精度差，生产效率低，材料利用率不高，纤维方向的准确性及尺寸精度完全取决于工人的手工操作，且需对使用的大量下料裁剪样板进行管理、标记、搬运、储存等。

（2）预浸料自动下料采用自动下料机，利用计算机优化排版生成的 DXF 文件，由计算机控制切割设备进行自动裁剪、打标，不仅尺寸精度高，且合理有效的排版使预浸料的材料利用率达到最优化，也大幅度降低了工人的劳动强度，提高了复合材料零件的生产效率，节约了成本。

图 1-12 为预浸料手工及自动下料机下料。图 1-12(a)～(e)所示的手工下料图中，先准备工具及下料样板，再在预浸料背面隔离纸上按纤维方向画上基准坐标，标记纤维方向，排样

后用美工刀沿划线样板裁出各层预浸料样片,最后标记各铺层。

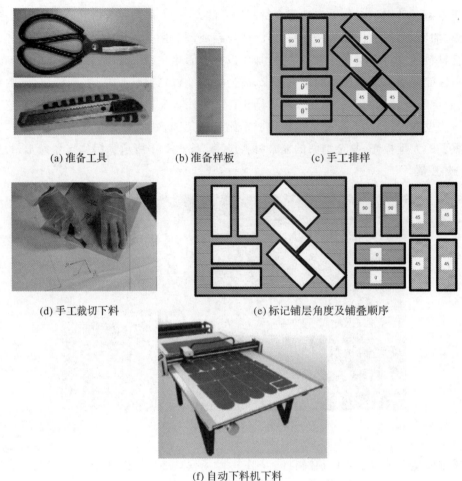

(a) 准备工具　　　　(b) 准备样板　　　　(c) 手工排样

(d) 手工裁切下料　　　　(e) 标记铺层角度及铺叠顺序

(f) 自动下料机下料

图 1-12　预浸料手工及自动下料机下料

2.预浸料铺放

预浸料要铺贴成产品设计所规定的形状,铺贴时需要以铺层图为依据,按照规定的铺层顺序和纤维方向在模具上逐层地铺贴预先剪裁好的预浸料,从而获得所需积层。铺叠质量是复合材料制品成型后力学性能符合预期要求的关键。

预浸料铺叠包括手工铺叠及自动铺叠两种方法。若铺叠过程中出现铺叠工作中断时间较长时,应使用无孔隔离膜覆盖,并进行真空袋密封,防止吸潮和粉尘污染。

图 1-13(a)为人工铺叠示意图,铺放过程需要每 3～6 层进行一次预压实,以减少各铺层间的褶皱和气泡。图 1-13(b)为自动铺带机。大型、相对简单的结构件采用自动铺带机进行预浸料的铺放,叮获得更高的经济效益。对预浸料进行机械化连续铺叠,大幅度节省时间,减轻了工人的劳动强度,速度比手工铺贴提高数倍,不仅生产率高,而且纤维铺贴的角度更为准确,重复精度高,制件质量比较稳定。

预压实操作
演示链接

(a) 人工铺叠   (b) 自动铺带机

图1-13 人工铺叠及自动铺带机

小型复杂的复合材料结构件采用手工铺叠比较方便,但劳动生产率低。在手工铺贴时,各铺层按铺层角度和铺层顺序在给定的铺层区域进行铺贴,为保证各铺层的准确定位和铺层区域的正确性,通常在铺层时需要对各铺层进行准确定位。一种方法是利用铺叠样板人工确定各铺层区域,成本较低,使用方便,但当层数较多时铺层样板多,容易出错、效率也较低。

目前在航空复合材料结构件生产中,已经大量采用激光投影定位系统进行辅助定位保证铺层质量。图1-14为激光投影定位系统。在每层铺层铺贴前,先用激光投影定位仪在模具上投影出该铺层的轮廓,铺贴时按激光投影的轮廓进行。用这种方法大大缩短了铺层定位时间,铺贴效率较高,重复定位精度高,减少了复合材料铺层错误,不仅预浸料铺放高效准确,还可免除传统铺叠样板的使用。

激光投影铺叠
三维动画示意链接

图1-14 激光投影定位系统

3.组合封装

热压罐成型时需要用到的一些工艺辅助材料见表1-6。工艺辅助材料是指在成型工艺过程中需要使用到的一些消耗性材料,固化后不允许进入制件。

表 1-6 工艺辅助材料

名 称	作 用	使用材料	辅助材料图
真空袋膜	用于制作真空袋,一般为塑料薄膜,柔软且具有强度	尼龙、聚乙烯塑料薄膜	低温真空袋膜
透气毡	抽真空时形成空气通道,消除铺层或固化过程产生的气体;用于尖角处可防止扎破真空袋	毛毡、聚酯或尼龙	透气毡
挡条	贴于制品边缘处,防止树脂流失。高度应稍高于制品厚度	橡胶条、软木、包有脱模布的金属条或木条	硅胶条
隔离薄膜	分有孔和无孔两种,用于模具和坯料之间或吸胶层与模具、透气毡之间的分隔,防止其他材料与制品黏结。有孔隔离膜用于防止复合材料制品与吸胶材料黏结在一起,无孔隔离膜用于防止树脂与透气毡黏结	特氟纶织物或带微孔的塑料薄膜	有孔隔离膜 有孔隔离布
脱模剂或脱模布	用于固化后复合材料制品顺利脱模,防止模具与制品之间产生黏结。或者黏附树脂及其他材料	聚四氟乙烯布或液体脱模剂	带胶脱模布 脱模蜡
吸胶材料	吸收坯料中多余树脂,以控制复合材料中的纤维含量	毛毡、玻璃布、滤纸等	玻璃纤维表面毡
密封胶条	黏结真空袋与模具后形成密封,根据固化温度高低选择不同耐温等级的腻子胶条	密封胶带也叫腻子胶条	低温腻子胶条　高温腻子胶条
均压板	表面光滑的金属或软膜,与制品表面形状相同,可以是木板、金属板	木板、金属板等	木板

按图 1-15(a) 真空袋封装示意图对预浸料铺层进行封装,将预浸料制品置于真空袋和模具之间,周边密封,抽真空,使制品在成型过程中的气泡和挥发物得以排除,可以使复合材料结构不至于松散,防止结构尺寸加厚,提高复合材料零件的质量。

典型真空系统
三维动画链接

真空袋制备
操作链接

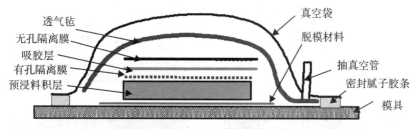

(a) 真空袋封装示意图

(b) 贴腻子胶条

(c) 铺有孔隔离膜

(d) 抽真空

(e) 真空袋有褶皱处发生的漏气

图 1-15　真空袋封装及抽真空

4.热压固化

将组合好的组件放入热压罐内,连接真空系统,接好真空管路,关闭热压罐罐门,按设定的固化程序进行固化。

5.出罐冷却后脱模修整

固化完成后的复合材料零件应自然冷却到室温后,再拆除真空系统,去除各种辅助材料,脱模后取出制件,进行修整。

(二)树脂传递模塑

树脂传递模塑(Resin Transfer Moulding,RTM)成型工艺是一种较低成本的技术,是先制造干态纤维预成形体,然后将预成型体放置于模具中,闭合模具后,再将低黏度树脂注入浸润纤维,最后通过加热使树脂固化,得到复合材料制品的方法,如图 1-16 所示。

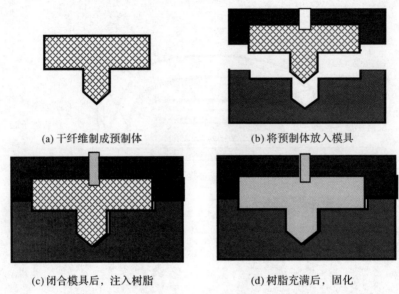

(a) 干纤维制成预制体   (b) 将预制体放入模具

(c) 闭合模具后,注入树脂   (d) 树脂充满后,固化

图 1-16   RTM 成型

RTM 成型生产效率较高、可获得光滑的内外表面、孔隙率低,产品质量高,精度高,可实现制件的整体组合成型,还可在结构中埋入金属镶嵌件,但预成型体的投资较大,制品尺寸不宜过大。

(三)真空袋成型

真空袋成型工艺操作过程与热压罐成型类似,只是不采用热压罐而是采用烘箱或其他能提供热源的设备,在真空袋压力下固化成型。一般抽真空压力约 0.05~0.1 MPa,是一种低压的成型方式,适用于成型 1.5 mm 左右的薄板件和蜂窝结构件。该法设备简单、投资少、成本低、便于操作。

压力袋成形:是在真空袋基础上发展起来的,成形时除真空压力外,还要再加上 0.1~0.2 Mpa 由压缩压力产生的压力,因此拓宽了制件成型的范围。

任务 **3**   识别复合材料构造形式及其标记

一、复合材料构造形式

复合材料按照其构造形式一般可以分为层合板结构和夹芯结构两种类型。

(一)复合材料层合板结构(laminate)

复合材料层合板也称层压板、叠层板,是由若干层树脂纤维铺贴在一起固化后形成的。层合板中的基本结构单元是单层板。单层板相当于一层预浸料或一层湿铺层(在增强材料上刷基体树脂)固化而成,单层板固化后的厚度约为 0.1～0.3 mm。如果单层板是由单向带组成的,纤维只有一个方向,则沿纤维方向的拉伸强度最高。若单层板是由编织布或预浸布固化形成的,通常有两个相互垂直的纤维方向,既有经向纤维也有纬向纤维,沿经向和纬向的强度较高,并且其他方向上也能承受载荷。

图 1-17 所示为多层板,多层层合板相当于由多个单层板黏结而成,其总层数通常根据构件的受载情况进行设计,设计时通常将纤维布置在主载荷方向,以使固化后的层合板具有较高承载能力,由于层与层之间以树脂黏结,因此层间强度差。对于受力较大的复合材料零件,如飞机上翼盒结构的梁、肋、壁板和机身侧壁板等构件,都采用层合板结构。

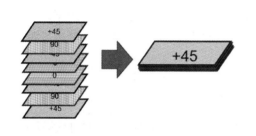  

(a) 多层板示意图   (b) 层合板   (c) 层合板结构复合材料制品

图 1-17 多层板

(二)复合材料夹芯结构(sandwich)

复合材料夹芯结构由上、下两块比较薄的高强度面板与中间相对较厚的轻质芯材胶接而成,如图 1-18 所示。

(a) 夹芯结构由上、下面板层和中间芯材胶接而成

 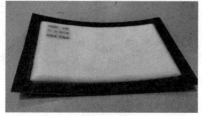 

(b) 蜂窝夹芯结构   (c) 泡沫夹芯结构   (d) 泡沫夹芯结构连接件

图 1-18 复合材料夹芯结构

复合材料夹芯结构具有质量轻、抗弯刚度大、抗失稳能力强、较好的力学性能,还具有隔热、吸音、减振等优点。根据飞行器的特殊性能要求选用不同的复合材料夹芯结构,可以获得

较小质量下的刚性结构件。对于结构高度大的翼面结构,蒙皮壁板采用蜂窝夹芯结构取代加筋板,可明显减轻重量,民航飞机的雷达罩、客舱地板、副翼、升降舵和方向舵等均采用夹芯结构。

1.面板

通常面板采用具有高强度和模量的层合板承受拉伸载荷。能作为夹层结构面板的材料很多,根据不同的要求,可以选用复合材料层合板、金属板等。复合材料层合板用多层碳纤维或玻璃纤维增强树脂固化而成,金属板采用铝合金、镁合金或钛合金板材,其中用得最多的是铝合金面板和复合材料层合板。

2.芯材

中间的芯材采用重量轻的材料,主要承受剪切载荷,由于芯材密度小,质量比相同厚度的层合板轻很多,因此可以获得轻质高强和高刚度的结构。芯材结构类型主要有蜂窝芯、复合夹芯、泡沫芯和其他芯材,其中应用最多的是蜂窝芯材。几种蜂窝芯材的力学性能对比见表1-7。

表1-7 几种蜂窝芯材的力学性能

芯材	密度/(kg/m³)	压缩性能/MPa	纵向剪切/MPa	横向剪切/MPa
玻璃纤维蜂窝	51	0.98	0.45	0.44
铝蜂窝	68	2.5	1.78	1.04
芳纶纸蜂窝	48	1.13	0.89	0.46
硬质聚氨酯泡沫	80~100	0.8	0.26	0.26

复合夹芯是用空心玻璃微球与树脂复合而成的,可适用于各种形状的外形,但密度比蜂窝芯材大,一般用于薄夹芯结构的轻质填料。

泡沫芯材是用泡沫塑料制成的,包括PMI(聚甲基丙烯酰亚胺)泡沫、PVC(聚氯乙烯)、PS(聚苯乙烯)、PET泡沫等。航空领域应用最多的是PMI泡沫芯材结构,其力学性能高、比强度及比模量大。泡沫芯材具有各向同性特点。泡沫芯材如图1-19所示。

图1-19 泡沫芯材

蜂窝芯材质量轻、具有较高的剪切强度,比泡沫芯材更适合在轻质结构中用,其性能由蜂窝的材质、芯格形状与尺寸及蜂窝厚度所决定。通常情况下,蜂窝厚度在3~50 mm之间,芯格形状为六边形、菱形、矩形和正弦波形等。图1-20(a)为六边形的芯格。

一般蜂窝芯材在沿X、Y、Z三个方向的承压能力各不相同,表现出明显的各向异性特点。图1-20(b)所示,芯材为六边形的蜂窝结构,在来自于面板的Z向压力下,相互牵制的蜂窝壁及面板组成了许多小工字梁,可以分散来自 Z 向面板方向的压力,每个蜂窝孔相当于有 6 个工字梁纵向承压,使得 Z 向厚度方向具有最高的抗压强度及稳定性。而 X 向和 Y 向是承受侧向压力,抗压能力低。

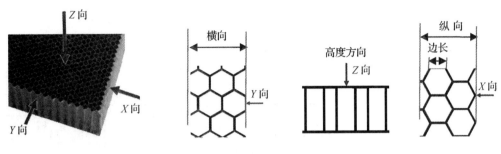

(a) 六边形蜂窝芯材　　　　　　　　(b) 蜂窝芯材3个方向承压具有各向异性

图 1-20　蜂窝芯材

蜂窝芯材包括金属和非金属蜂窝两大类,金属蜂窝芯材主要用铝蜂窝,非金属蜂窝芯材有玻璃纤维蜂窝和芳纶纸蜂窝等。常用蜂窝包括以下几种。

(1)Nomex 芳纶纸蜂窝:由芳纶纸浸润树脂再经过固化后制成的蜂窝,具有成型性好,隔热、电绝缘、透电磁波、密度小和阻燃等特点,已广泛应用于航空航天结构、功能复合材料以及具有特殊要求的其他领域中,如飞机上常用于地板、舱内装饰板等结构,但价格较高。芳纶纸蜂窝芯材的力学性能见表 1-8。

表 1-8　芳纶纸蜂窝芯材的力学性能

芯材规格	平面压缩/MPa		纵向剪切/MPa		横向剪切/MPa	
孔格边长/mm—密度/(kg·m⁻³)	强度	模量	强度	模量	强度	模量
2.0(1.8)—48	1.63	107	1.16	37.8	0.67	22.8
3.0 —48	1.81	107.6	1.15	36.9	0.70	23.8
4.0(3.5) —32	0.85	65.8	0.61	21.8	0.42	15.5

(2)铝蜂窝:用铝箔涂芯条胶拉伸制成,具有高的比强度,工艺比较成熟且价格相对较低,但铝蜂窝和碳纤维热膨胀系数相差大,在温度变化大的环境中使用容易产生热应力,电位差大容易产生电偶腐蚀,民机上很少采用铝蜂窝和碳纤维面板组合的夹芯结构。

(3)玻璃布蜂窝:由玻璃纤维布制成蜂窝浸润树脂固化而成,电性能好,力学性能好、结构刚性高,但其制造工艺比较烦琐,常用于雷达罩等要求电磁波穿透性好的结构。

二、复合材料铺层标记

由于纤维增强树脂基复合材料的纤维方向与受力方向相同时可以获得较大的拉伸强度,在设计复合材料零件时,常常根据受力方向来设计纤维方向。

复合材料的构件图上会标出基准坐标,通常将构件主受力方向设为构件的基准坐标 X 向。纤维方向与构件基准坐标 X 之间的夹角称为铺层角。常用的铺层角度为 $0°$,$+45°$,$-45°$,$90°$。如图 1-21(a)所示的基准坐标及常见铺层角度,基准坐标 X 轴为纵向,横向为 Y 轴,图中线条表示纤维方向,与 X 轴平行一致的为 $0°$铺层角,与 X 轴垂直的为 $90°$铺层角,与

X 轴逆时针方向成 45°时的可为+45°铺层角,与 X 轴顺时针方向成 45°的为-45°铺层角。图 1-21(b)所示为单向带铺层时的常见铺层角度,纤维方向与 X 轴一致时为 0°,纤维方向与 X 向垂直时为 90°,纤维方向与 X 轴逆时针方向成 45°时为+45°。如图 1-21(c)所示的编织布铺层角度,织物的经线方向作为纤维方向,由于织物由相互垂直的经纬向纤维组成,图中既有 0°也有 90°纤维方向。

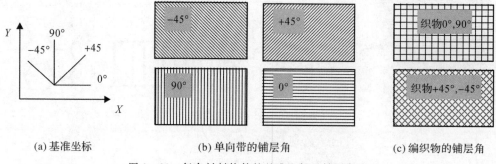

(a)基准坐标   (b)单向带的铺层角   (c)编织物的铺层角

图 1-21 复合材料构件的基准坐标及铺层角度

层合板制作时铺层的先后顺序不同,固化后构件的力学性能有差异,因此铺层时还需要按规定的铺设顺序进行。铺设顺序选择通常以与模具贴合的铺层作为第一层;层合板铺层结构可以用由下至上的矩形方框来表示,构件有几个铺层就画几个方框,方框内用数字表明铺层角度。这种图示表达法如图 1-22(a)所示,图中表示的层合板结构由 6 个铺层组成,铺层角依次为-45°,0°,90°,0°,-45°,0°,图 1-22(b)所示为该层合板的铺贴顺序示意图。

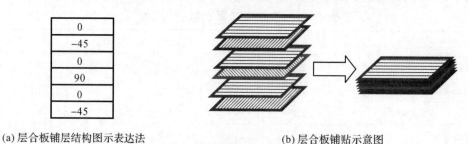

(a)层合板铺层结构图示表达法   (b)层合板铺贴示意图

图 1-22 层合板铺层结构图示表达方法及铺贴顺序示意图

层合板制作时必须保证各层的纤维方向符合设计要求,才能保证构件的承载要求,因此层合板在铺层时必须按规定的铺层顺序及角度进行铺贴。

对于层数不多、结构简单的层合板,铺层角度及铺层顺序用图示表达方法较直观,铺层时不容易出错,但是实际应用的复合材料构件层数较多。例如用每层 0.125 mm 厚度的复合材料制作 4 mm 厚度的复合材料层合板,至少需要 32 层,用这种方法来标记铺层角和顺序就不太合适了,因此复合材料结构铺层顺序及角度按以下原则进行标记:

(1)标记时各层铺层角度用数字由左向右依次排列,用斜线"/"分开;从贴模具的铺层作为第 1 层,所有铺层角用中括号"〔 〕"括起来。

例如:〔0/45/90/-45/0〕表示该层合板共 5 层,铺层角从贴模面开始依次为 0°,45°,90°,-45°,0°。

(2)对称层合板可只写一半,在中括号"〔 〕"外加下标 s 表示对称。奇数层数的对称层合板,在对称铺层角度的上方加顶标"—"。

例如:[+45/0/−45/−45/0/+45]可以简化为[+45/0/−45]s;

[+45/0/−45/0/+45]可以简化为[+45/0/−45]s

(3)连续重复铺层:相同角度的重复铺层层数用铺层角后的数字下标表示;相邻的正负45°铺层可以用"±"表示,上面的为第1层。

例如:[0/0/+45/−45/90]可以简化为[0₂/±45/90]

(4)多个子层合板:铺层组重复出现时视为子层合板,只需标记子层合板结构,中括号"[ ]"外的数字下标表示重复出现的铺层次数。

例如:子层合板为[0/90],[0/90/0/90]可简化为[0/90]₂

(5)混杂纤维层合板:纤维种类用英文符号在铺层角后下标表示。碳纤 C,玻纤 G;芳纶 K;硼纤维 B。

例如:[0c/90ₖ/45ɢ],表示与模具贴合的第一层为0°碳纤维,第二层为90°芳纶纤维,第三层为45°玻纤层。

(6)织物构成的层合板,用(±45)或(0,90)表示一层织物。

例如:[(±45)/(0,90)]表示层合板由两层织物构成,与模具贴合的第1层为±45°。

(7)夹芯层用大写的 C 表示,下标数字表示夹芯层的厚度,mm 单位。

例如:[0/90/C₄]s,表示从模具开始铺层依次为:0°,90°,厚度 8 mm 的夹芯层,90°,0°。

任务 4　熟悉树脂基复合材料性能特点及应用

一、树脂基复合材料的性能特点

与传统材料比较,树脂基复合材料主要有以下特点:

1.比强度高、比模量高(除玻纤外)

材料的强度和模量分别除以密度即可得到比强度和比模量,这是选择航空材料的主要指标。表 1-9 为几种金属材料与复合材料的力学性能:碳纤维/环氧的比强度比钢高 5 倍,比铝合金高 4 倍,比钛合金高 3.5 倍,比模量是钢、铝、钛的 4 倍。这样在强度和刚度要求相同的情况下,采用复合材料可以明显地减轻结构的重量。

表 1-9　几种金属材料与复合材料的力学性能

材　料	密度/(g・cm³)	抗拉强度/MPa	弹性模量/10⁶ MPa	比强度/10⁶ m	比模量/10⁹ cm
钢	7.8	1 030	210	0.13	0.27
铝合金	2.8	470	75	0.17	0.27
钛合金	4.5	960	114	0.21	0.25
玻璃纤维/环氧树脂	2.0	1 060	42	0.53	0.21
高强碳纤维/环氧树脂	1.5	1 900	150	1.27	1.00
高模碳纤维/环氧树脂	1.6	1 300	240	0.68	1.50
芳纶纤维/环氧树脂	2.1	1 353	20.59	0.64	1.0

2.可设计性强

纤维增强的树脂基复合材料具有明显的各向异性,沿着纤维方向的抗拉强度高,根据受力情况和使用要求进行材料的设计和剪裁,为设计提供了更多的自由度。

3.具有良好的抗疲劳性能,破损安全性高

复合材料基体中包含大量纤维,纤维与基体之间的界面能阻止裂纹扩展,不像金属疲劳那样突然发生,而是经历基体损伤、开裂、界面脱黏、纤维断裂等过程,裂纹逐渐扩展,疲劳破坏前有明显征兆。复合材料抗疲劳性能好,通常金属材料的疲劳强度极限是其拉伸强度的 30%~50%,而碳纤维树脂基复合材料的疲劳强度极限达到其拉伸强度的 70%~80%。

同时纤维形成多路传力结构,当构件受力致使少数纤维发生断裂时,载荷会通过基体传递到其他完好的纤维上,短期内还能承受一定载荷,破损安全性高。

4.抗腐蚀性能好

常见的热固性树脂体系一般都耐酸、弱碱、盐、有机溶剂、海水等,使得复合材料在苛刻环境条件下也不容易发生腐蚀,因此复合材料可以广泛用于沿海或海上的军、民用工程中。

5.便于大面积整体成型

复合材料织物具有良好的铺覆性,有多种成型工艺便于制成大型整体零件和表面复杂的零件,从而可以大幅度减少零件数量和连接件数量,既可减重,又可缩短加工周期,降低装配和制造成本。

6.良好的尺寸稳定性

碳纤维的热膨胀系数几乎为 0,可设计出零膨胀的结构零件,在温度剧烈变化的条件下也可保持良好的结构形状和尺寸稳定性。

7.具有层间强度低、冲击韧性差的缺点

复合材料的层间强度低,易产生分层破坏,降低其承载能力。目前采用缝纫或三维编织复合材料,此缺点或可克服。

碳纤维复合材料比较脆,抗冲击能力差,甚至低能量的冲击也会产生内部损伤,这一缺点给装配过程带来一定影响。因此碳纤维复合材料装配过程中应避免复合材料直接受到冲击,铆接时往往采用压铆和拉铆而不是锤铆。

二、复合材料在航空领域的应用

复合材料在航空航天领域有广泛的应用,目前在机体结构、导弹、火箭和人造卫星上都有日益增加的趋势。军机、客机、无人机是先进复合材料的主要航空应用领域。

先进复合材料在飞机上的应用大致分为 3 个阶段:①用于受力不大的简单零部件,起落架舱门、口盖、整流罩及襟副翼、升降舵和方向舵等操纵面上,可减重 20%。②用在受力较大的垂尾、平尾一级部件上。如,20 世纪 70 年代初 F-14 上应用了复合材料平尾;70 年代中期以后进入服役的战斗机,尾翼一级的部件已基本上都由复合材料制成,如 F-14、F-15,"幻影"2000 和"幻影"4000 等。③复杂受力部位,如中央翼盒,机翼、机身段等结构上。世界各国在研制性能先进战斗机机翼一级的部件时一般都采用复合材料。目前在军机上复合材料的应用可达到 50%,应用部位可见表 1-10。

表 1-10 军机上复合材料的应用

机 种	国 别	复合材料用量	应用部位
全球鹰	美国	65%	机翼
JAS39	瑞典	30%	机翼、前翼、垂尾、所有的舱门
B-2	美国	50%	中央翼(身)的40%,外翼中部和侧后部,机翼前缘
F-22	美国	25%	前中机身蒙皮、部分框、机翼蒙皮和部分梁、垂尾蒙皮、平尾蒙皮和大轴
"台风"(EF2000)	英国、德国、意大利	50%	前中机身、机翼、垂尾、前翼,机体表面的82%为复合材料

复合材料在无人机领域已经成为主要的结构材料,世界上各种先进无人机上的复合材料用量达到其机体材料的 60%~80% ,如美国的全球鹰复合材料机翼达到 35 m,复合材料占整个结构总重量的 65%。我国翼龙采用全复合材料结构,机翼、尾翼等机体大量使用复合材料,增加了无人机的巡航时间。全复合材料机身已经成为无人机发展的主流方向。

大型民机更强调安全和经济性,复合材料用量的占比一般低于军机。波音公司 B-757~B-787 上复合材料的应用情况见表 1-11,从中可以看出尽管复合材料用量比军机低,飞机上复合材料用量也在逐年增加。

表 1-11 波音公司 B-757~B-787 客机上复合材料的应用

机 种	复合材料用量	应用部位
757	3%	内、外侧襟翼,副翼,扰流板,发动机整流罩,前起落架舱门、主起落架舱门,方向舵,升降舵
767	3%	内、外侧襟翼,副翼,扰流板,发动机整流罩,前、主起落架舱门,升降舵
777	10%	内、外侧襟翼,副翼,内外扰流板,发动机整流罩,前、主起落架舱门,方向舵,升降舵翼身整流罩、垂直安定面、水平安定面
787	25%	内、外侧襟翼,机身、机翼、副翼,内外扰流板,发动机整流罩,前、主起落架舱门,方向舵,升降舵翼身整流罩、垂尾、平尾

复合材料在飞机上的应用发生了比较显著的变化,复合材料在飞机上的用量逐渐增多,应用部位从次承力部件向主承力部件过渡,复杂曲面构件应用也越来越多,复合材料构件向整体成型共固化方向发展,这些变化对飞机的制造及装配都带来极大影响。

图 1-23 所示为 B-787 上复合材料的应用情况,图 1-23(a)为 B-787 上复合材料的分布情况,图 1-23(b)(c)分别是复合材料中央翼盒及机身筒段。B-787 翼梁蒙皮桁条采用了 CFRP,机身段共节约 1 500 块铝合金板料和 4 万~5 万个连接件,极大地减少了制造及装配工作量,缩短了飞机制造生产周期;连接部位的材料发生了变化,不仅仅有金属与金属的连接,还大量增加了 CFRP 与金属骨架之间的连接,碳纤维增强树脂基复合材料的制孔及铆接成为飞机制造中极为重要的工序。

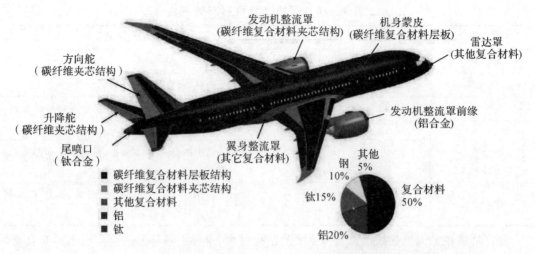

(a)复合材料在B-787上的应用情况

(b)复合材料中央翼盒

(c)复合材料机身筒段

图1-23 复合材料在B-787上的应用

任务5 制作树脂基复合材料层合板及夹芯结构件

一、预浸料制作复合材料层合板

帽形加筋胶接件前期制作(玻纤预浸布干法成型)的任务单1见表1-12。

表1-12 任务单1

任务单1	帽形加筋胶接件前期制作(玻纤预浸布干法成型)	班级_____ 组号_____ 姓名_____

任务说明：$[(0,90)_2]$织物预浸料制作蒙皮和帽型筋胶接零件如下图所示。

帽形筋模具

蒙皮零件1

帽型筋零件2

续　表

任务单 1	帽形加筋胶接件前期制作（玻纤预浸布干法成型）	班级_____　组号_____姓名_____

知识点	复合材料真空袋成型、预浸料解冻及使用、模具处理、脱模材料施工
能力要求	会模具处理、会预浸料解冻及裁剪、会定位、会铺层、会打袋
耗材	玻璃纤维预浸布、真空袋薄膜、透气毡、有孔隔离膜、丙酮、砂纸、脱模剂
工具、设备	剪刀、美工刀、烘箱、真空泵、刮板、钢板尺、均压板、模具

工序	工序内容	配分	过程考核 在扣分项前打√	得分
1.工具耗材准备	（1）设备及样板准备：样板用激光切割机，按设计图样切割、准备模具、真空泵等； （2）领取其他耗材、工具、剪刀、直尺等	5	□桌上物品杂乱摆放扣2分； □未在规定时间领取耗材扣1； □工具不齐全扣2分	
2.模具清理及准备	（3）帽形筋模具准备：400♯、600♯、1000♯、1500♯砂纸依次打磨至模具表面光滑、清洁表面并干燥； （4）平板模具准备：400♯、600♯、1000♯、1500♯砂纸依次打磨至表面光滑、清洁表面并干燥； （5）在平板模具上，将帽形筋模具粘贴在合适位置，贴上脱模布； （6）在平板模具上贴脱模布	10	□未在规定时间准备工装夹具扣2分； □打磨没戴口罩扣2分； □模具未处理扣10分	
3.预浸料准备	（7）提前解冻预浸料形按预浸料准备任务单下料准备； （8）预浸料各铺层排版并下料：确认预浸料纤维方向，手工下料角度偏差<1°，按要求尺寸及形状裁剪预浸料，注意纤维方向，标记各铺层	15	□浪费材料扣4分； □角度形状不准确扣4分/个； □未排版扣4分； □角度偏差>1°，扣2分/个	
4.铺层	（9）定位、定序、定角度铺叠。在模具上按要求角度及铺层顺序铺层；铺层角方向应<±5°； （10）先撕去白色离型纸，用刮板刮平，下层铺叠前才撕去塑料膜	20	□浪费材料扣4分； □辅助材料顺序错误扣5分	
5.打真空袋	（11）依次放置有孔隔离膜、吸胶层、无孔隔离膜、透气毡、真空袋； （12）打真空袋、抽真空	10	□未正确安放导致材料浪费扣10分	
6.固化	（13）放入烘箱理袋、抽真空设置温度至135°，固化3 h	20	□未理袋导致制品疏松扣10分； □漏气未处理导致零件固化变形扣10分； □烘箱无值守扣2分	

续 表

任务单1	帽形加筋胶接件前期制作（玻纤预浸布干法成型）		班级_____ 组号_____ 姓名_____	
7.脱模、修整	(14)脱模（木楔子或塑料起模，避免划伤模具和复合材料制品，严禁铁锤敲打）； (15)加工至尺寸、打磨（注意粉尘防护）	10	□敲击复合材料件扣2分； □尺寸未修整扣10分； □未能脱模，导致重新制作零件扣20分	
8.整理	(16)整理清理模具上的多余物、擦拭干净后放回模具区	10		
素养	(1)加分项（每项5分）。 　□工具摆放整齐、实训场地整洁有序、卫生打扫干净；□遵守操作规程、无安全事故； (2)扣分项（每项扣5分）。 　□迟到 □早退 □脱岗 □玩手机 □上课打闹 □未穿工装 □违反安全操作；□实训工位脏乱差；□值日表现较差			

过程总得分（满分100分×20%）

工件质量　100分×80%

二、湿法成型制作复合材料层合板

帽形加筋胶接件前期制作（玻纤布＋树脂湿法成型）的任务单2见表1-13。

表1-13　任务单2

任务单2	帽形加筋胶接件前期制作（玻纤布＋树脂湿法成型）		班级_____ 组号_____ 姓名_____	

任务说明：　手糊成型制作蒙皮和帽型筋胶接零件如下图所示。

帽形筋模具　　　　　　蒙皮零件1　　　　　　帽型筋零件2

知识点	复合材料真空袋成型、手糊成型、模具处理、脱模材料施工			
能力要求	会裁剪增强纤维、会调胶、会手糊成型			
耗材	玻璃纤维织物、真空袋薄膜、透气毡、有孔隔离膜、环氧树脂、固化剂、丙酮、砂纸、脱模剂			
工具、设备	剪刀、美工刀、烘箱、真空泵、刮板、钢板尺、均压板、模具			
工序	工序内容	配分	过程考核 在扣分项前打√	得分
1.工具耗材准备	(1)设备及样板准备:样板用激光切割机按设计图样切割，准备真空泵等； (2)领取其他耗材、工具、剪刀、直尺等； (3)刷子剪去10 mm,连同搅拌棒及调胶杯一起称重,记录重量为:杯子____g,刷子____g,搅拌棒____g	10	□桌上物品杂乱摆放扣2分； □刷子等未称重扣2分； □未在规定时间领取耗材扣2分	

续　表

任务单 2	帽形加筋胶接件前期制作（玻纤布＋树脂湿法成型）		班级＿＿＿＿＿＿ 组号＿＿＿＿＿＿ 姓名＿＿＿＿＿	
2.模具清理及准备	（4）帽形筋模具准备：400♯、600♯、1000♯砂纸依次打磨至表面光滑、清洁表面并干燥； （5）平板模具准备：400♯、600♯、1000♯砂纸依次打磨至表面光滑、清洁表面并干燥； （6）在平板模具上，将帽型筋模具粘贴在合适位置，贴上脱模布； （7）平板模具上打脱模蜡，间隔 15 min，共三遍		20	□未在规定时间准备工装夹具扣2分； □打磨没戴口罩扣2分； □无脱模扣 2 分
3.增强材料准备	（8）按要求尺寸及形状裁剪增强材料，注意纤维方向	（1）方法二； （2）剪足够铺层的一整张布，称重； （3）布：树脂＝1∶1.1配胶；	10	□浪费材料扣4分； □形状不准确扣2分
4.基体树脂准备	（9）增强材料称重，按布∶胶＝1∶1来调配树脂； （10）计算树脂胶的配比：树脂∶固化剂＝3∶1	（4）准备比布轮廓尺寸大10 mm的塑料膜两张； （5）放一层塑料膜，刷上树脂，放布刷树脂，放塑料膜后用刮板将树脂刮均匀；	10	□违反操作规程扣2分； □树脂浪费大扣4分
5.手糊成型	（11）按铺层顺序及要求角度刷一层树脂放置一层纤维布	（6）各铺层角度及尺寸在塑料膜上排版画线并标记，连塑料膜一起裁剪； （7）按塑料膜上标记的铺层顺序铺层，先撕去下层塑料膜铺后刮平，在后铺层即将铺叠时再撕去上层膜	10	□浪费材料扣4分； □角度及顺序错误扣4分； □树脂掉落地上或工具上未及时清理扣6分
6.打真空袋	（12）打真空袋、抽真空		10	□真空袋漏气扣10分
7.固化	（13）60°固化 3 h		10	□烘箱无值守扣10
8.脱模、修整	（14）脱模（木楔子或塑料起模，避免划伤模具，严禁铁锤敲打； （15）加工至尺寸、打磨		10	□铁锤敲击复合材料件扣 2 分。
9.整理	（16）整理实训场地		10	□未清理扣 10 分； □清理不干净扣5分
素养	（1）加分项（每项 5 分）。 　　□工具摆放整齐、实训场地整洁有序、卫生打扫干净□遵守操作规程、无安全事故； （2）扣分项（每项扣 5 分） 　　□迟到 □早退 □脱岗 □玩手机 □上课打闹 □未穿工装 □违反安全操作□实训工位脏乱差 □值日表现较差			

过程总得分（满分 100 分×20％）

工件质量　（满分 100 分×80％）

三、湿法成型制作复合材料夹芯板

制作 A,B 复合材料夹芯板的任务单 3 见表 1-14。

表 1-14　任务单 3

任务单 3	制作 A,B 复合材料夹芯板	班级_____　组号_____　姓名_____
		$[(\pm45)_2/(0,90)_2/C_4]$s 夹芯板 A 宽 52 ± 0.2 mm,长 150 ± 0.2 mm 夹芯板 B 宽 52 ± 0.2 mm,长 100 ± 0.2 mm

知识点	真空袋、夹芯结构
能力要求	会打真空袋、会手糊成型复合材料夹芯结构
耗材	玻纤布、树脂、固化剂、手套、800♯、1000♯、1500♯砂纸、毛刷、透气毡、真空袋薄膜、腻子胶条、脱模蜡、真空管、有孔隔离膜、4mm 厚度蜂窝芯
工具、设备	剪刀、热压罐、烘箱、真空泵、手锤、均压板、模具

工序	工序内容	配分	过程考核 在扣分项前打√	得分
1.模具准备	(1)用塑料铲清理模具; (2)砂纸手工打磨并清洗模具; (3)回旋法打脱模蜡(隔 10 min 反复这一过程,直至 3~5 遍)	10	□桌上物品杂乱摆放扣 5 分; □未准备辅助夹具扣 5 分; □损伤模具扣 10 分; □未准备裁料样板扣 10 分	
2.增强材料及夹芯材料准备	(4)分析图纸计算尺寸,准备裁料样板,按外形尺寸+10 mm 裁剪玻璃纤维织物、称重$[(\pm45)2/(0,90)2/C6]_s$; (5)注意各铺层角度误差小于< 2°; (6)按尺寸裁切 4 mm 厚度的蜂窝夹芯层	20	□桌上物品杂乱摆放扣 5 分; □材料浪费过大扣 5 分; □尺寸偏差过大扣 5 分; □角度错误扣 10 分; □织物边缘毛边过多扣 10 分	
3.树脂准备	(7)按 1:1 布重配胶,胶的配比为树脂与固化剂(3:1); (8)天平上蒙塑料布,防止胶液洒在天平上; (9)树脂与固化剂 3:1,每次配胶量<50g; (10)搅拌时注意沿着一个方向搅拌,防止带入大量空气	20	□计算错误导致浪费胶液扣 20 分; □提前调配树脂扣 20 分; □掉落在地上、桌面或天平上的胶液未及时清理扣 10 分	

续　表

任务单 3	制作 A,B 复合材料夹芯板		班级＿＿＿＿　组号＿＿＿＿　姓名＿＿＿＿	
4.按图糊制	(11)先在模具上刷树脂后铺放第一层玻纤织物,用毛刷或刮板推挤织物去除多余空气,使其平贴在模具上,操作时应防止褶皱; (12)刷树脂后按要求纤维方向放置第二层玻纤织物,4 层后放置蜂窝芯,注意不要在蜂窝芯上刷树脂; (13)在规定时间内刷完树脂胶,一般 30 min	10	□未按定位标记铺层扣 5 分; □铺层气泡褶皱多扣 5 分; □零件变形扣 5 分; □乱丢垃圾扣 5 分; □胶液未及时清理扣 5 分	
5.封装	(14)在糊制好的玻纤织物上,依次放置有孔隔离层、吸胶层、透气层; (15)制品外贴腻子胶条,打真空袋,注意留余量打耳朵、检查无架桥; (16)真空管加长避免胶液流入真空泵内	10	□有架桥未处理扣 5 分; □真空袋有褶皱未处理扣5分; □胶液流入真空泵扣 10 分	
6.固化	(17)烘箱 60℃固化 3 h	10	□烘箱无人看守扣 5 分; □放入烘箱后,未及时理袋,导致制品表面质量差扣 5 分; □真空袋泄漏扣 5 分	
7.脱模	(18)脱模时注意避免制件损坏	10	□零件变形扣 10 分; □铁锤敲击作品扣 5 分; □破坏模具扣 5 分; □无法脱模扣 20 分	
8.加工至尺寸、打磨	(19)做好吸尘和防尘措施; (20)注意气动工具的安全使用	10	□公共区卫生未打扫扣 5 分; □物品摆放杂乱扣 5 分	
9.整理	(21)整理实训场地	10	□未清理扣 10 分; □清理不干净扣 5 分	
素养	(1)加分项(每项 5 分)。 　　□工具摆放整齐、实训场地整洁有序、卫生打扫干净□遵守操作规程、无安全事故。 (2)扣分项(每项扣 5 分)。 　　□迟到 □早退 □脱岗 □玩手机 □上课打闹 □未穿工装 ☑违反安全操作□实训工位脏乱差 □值日表现较差			

过程总得分(满分 100 分×20%)

工件质量　(满分 100 分×80%)

习　题

一、填空题

1.[0_C / 45_G / 90_K]中玻璃纤维铺层角是＿＿＿＿＿＿,碳纤维铺层角是＿＿＿＿＿。

2.层合板的标识中[＋45 / 90 / －45 / 0]_s,下标 s 表示＿＿＿＿＿＿＿。

3.预浸料使用前要检查,要有适中的＿＿＿＿＿＿＿,要无＿＿＿＿＿＿＿,无＿＿＿＿＿＿,无＿＿＿＿＿＿,无＿＿＿＿＿＿。

4.层合板标识[＋45 / 0 / －45 / 90]_s,其中 s 表示的是＿＿＿＿＿＿＿,与模具贴合的第一层铺层角是＿＿＿＿＿＿＿、第5层角度是＿＿＿＿＿＿＿,全部铺层顺序为:＿＿＿＿＿＿＿＿＿＿＿＿。

5.层合板标识[(±45)/(0,90)/ (0,90)],(0,90)表示＿＿＿＿＿＿＿铺层＿＿＿＿＿＿＿,该层合板共有＿＿＿＿＿＿层。

6.写出标记[0_2 / ±45 / 90]与模具贴合的第1层开始完整的铺层铺设角顺序:＿＿＿＿＿＿＿＿＿＿＿＿＿＿。

7.层合板的标识中[＋45 / 90_2 / －45 / 0]_s,下标 2 表示＿＿＿＿＿＿＿。

8.碳纤维复合材料的正确缩写是＿＿＿＿＿＿＿。

9.复合材料制品能否脱模主要取决于模具处理时＿＿＿＿＿＿材料的施工和选择是否正确。

二、判断题

1.复合材料由基体材料及增强材料组成,一般基体材料的力学性能高于增强材料。　　　　　　　　　　　（　　）

2.蜂窝芯沿其厚度 Z 方向的强度最弱。　　　　（　　）

3.玻璃纤维复合材料比碳纤维复合材料的比模量大。　（　　）

4.[＋45 / 90_2 / －45 / 0]_s 表示的层合板总层数为10层。（　　）

5.[＋45 / 90 / －45 / C_2]表示的夹芯结构中夹芯层的层数为2层。（　　）

6.[＋45 / 90 / －45 / C_2]"s表示的夹芯结构中,夹芯层的厚度为 2 mm。（　　）

7.碳纤维树脂基复合材料用于航空上的主要优势是比强度和比模量大、抗疲劳性强。（　　）

8.环氧树脂是热塑性树脂。　　　　　　　　　　　　　　　　　　　　（　　）

9.增强纤维沿其纤维方向的拉伸强度最差,横向拉伸性最好。　　　　　（　　）

10.纤维增强树脂基复合材料中,树脂的力学性能一般超过增强材料。　（　　）

11.目前航空领域应用最多的是纤维增强树脂基复合材料。　　　　　　（　　）

三、综合题

1.画出手糊成型的真空袋封装示意图。

2.现有增强材料织物称重为 20 g,需准备基体树脂,按布:树脂(包含固化剂)＝1:1.1 的比例,预估损耗 5 g,计算基体树脂总重量取多少克。调配基体树脂时,如果固化剂与环氧树脂质量比为 1:3,则固化剂和环氧树脂分别是多少克?

3.现制作 20 mm×25 mm 复合材料板[(±45)/(0,90)/(0,90)]₂,四周边缘各留 2 mm 打磨余量,在下列增强纤维织物示意图上画出下料排版图。

模块 2　树脂基复合材料装配基础知识

【学习目标】
　　(1)了解装配工艺过程、装配工艺规程。
　　(2)熟悉机械零件的连接方法。
　　(3)掌握基准概念、定位及夹紧方法。
　　(4)掌握复合材料连接方法。
【学习重点】
　　复合材料装配连接方法及特点、定位及夹紧方法。

任务 1　了解装配概念

一、装配及装配单元

1.装配概念

各种机械产品都是由许多零件组成的。按规定的技术要求,将若干零件组装连接成一个整体或产品的过程称为装配。

2.装配单元

简单的产品可由零件直接装配而成,但多数机械产品结构较复杂,通常由成百上千甚至上万个零件所组成,为了保证有效的装配工作,通常根据机械产品的结构特点,将其划分成若干个能进行独立装配的部分,称为装配单元。装配单元可以是单独的零件,也可以是预先装配在一起的若干零件组合。

按装配复杂程度,装配单元依次有:零件、合件、部件。零件是组成产品的最小装配单元,直接进入总装的单独零件并不太多,大部分零件都是预先组装在一起成为更大一级的装配单元才进入总装。例如:整架飞机的机体结构在制造时划分成多个部件,进入飞机总装的装配单元是前机身、后机身、机翼等部件。为便于生产,机翼部件在装配时又划分成前缘段、后段和中段若干个分部件,中段由上壁板和下壁板组合而成,上壁板是由桁条和蒙皮连接而成的组合件。这样,许多装配工作可以同时在不同部门开展,大大提高了生产率。

　　(1)零件:机器制造的最小单元,通常由整块金属或其他材料制成,如一个螺钉、一根轴、一个齿轮等。大多数零件需要先预先装成合件、组件或部件后才安装到机器上。

　　(2)合件:比零件大一级的装配单元,由两个及两个以上零件组合装配而成,一般是在以后的装配工作中不再拆开的组合件。为此进行的装配工作称为合装。常见的是用不可拆的连接方法(焊、铆、热压装配)连在一起或组装后合并加工不具备互换性。如图 2-1(a)所示的装配式双联齿轮,由于制造工艺原因拆成两个零件分别制造,使用时再将这两个零件装配连接成为一个整体。装配时先在作为基准零件的小齿轮(带花键槽)上套装大齿轮,并用铆钉固定连接。组件:组件是若干零件及合件的组合。组件的装配过程称为组装。如图 2-1(b)所示的低速轴组件,由基准轴、齿轮、套筒、轴承组装而成。有时对合件、组件并不完全区分开,统称为组合件。

(3)部件:若干零件、合件和组件的组合。通常部件在机器中是一个相对独立的有机整体,能完成一定的、完整的功能。这一装配工作称为部装,如车床的床头箱、进给箱、尾架等部件。如图 2-1(c)所示减速器,装配式齿轮由齿轮、基准件、铆钉等零件组成,低速轴组件由装配式齿轮加基准轴和轴承、轴套等组成,减速器部件由低速轴组件、高速轴组件、箱体、箱盖、轴承端盖等装配而成。

(a) 合件——装配式双联齿轮　(b) 低速轴组件　　　　　(c) 减速器

图 2-1　合件、组件及部件

(4)总装:将所有零件、组件和部件组合装配成为最终产品的过程,如完整的机床、汽车、飞机。

整个装配过程按装配单元进行分级装配,先将零件装配成合件、组件、部件,再进行总装。如图 2-2 所示装配单元示意图,零件 1、2 组装成为合件 1;合件 1 与零件 3、4、5 装配成组件 1;组件 1 和零件 6、7、8 装配成为部件 1;零件 16、17 组装成为合件 3;合件 3 与零件 15 装配为组件 3;零件 11、12 装配合件 2;合件 2 和组件 3 与零件 13、14 装配为部件 2;进入总装的装配单元有部件 1、2 及零件 9、10。

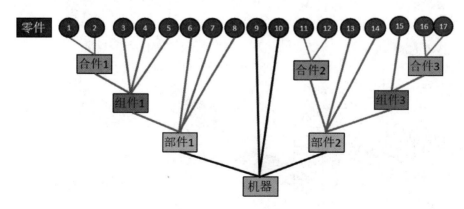

图 2-2　装配单元示意图

3.装配单元系统图

表明产品零部件间相互装配关系及装配先后顺序的示意图称为装配单元系统图,也称装配工艺流程图、装配顺序图。装配单元系统图主要用于大批生产中,单件小批生产中很少使用。装配单元系统图基本内容包括参与装配的主要零件、装配单元名称、装配的主要工序,产品图号。装配单元系统图能反映各级装配关系及装配顺序,能展示产品装配过程便于组织装配工作,有框式及示意图式装配顺序图两种。

框式装配顺序可以自下而上绘制,也可以从左向右绘制。在框式单元系统图中,装配单元用方框表示,方框内有装配单元名称、图号及数量信息。中间横线连接左右两个方框,左端方框代表基准零件,右端方框代表装配的成品,装配工作由基准件开始,从左向右按顺序进行,直接进入装配的零件画在横线上方,需要预先安装的套件、组合件画在横线下方。图2-3所示为从左至右绘制的低速轴组件框式装配顺序图。

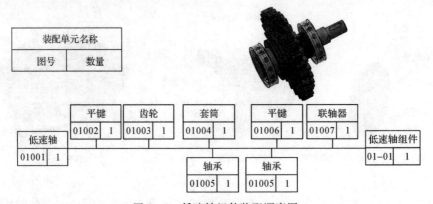

图2-3 低速轴组件装配顺序图

图2-4所示为某机机身中段示意图式装配顺序图。箭头指示装配顺序,零组件名称旁绘制其外形简图,各零件的装配顺序一目了然,不易出错。

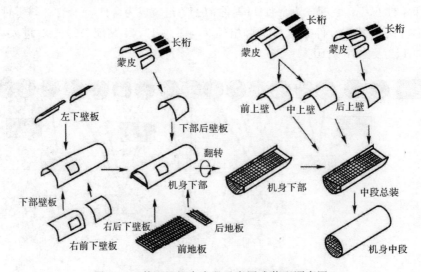

图2-4 某飞机机身中段示意图式装配顺序图

二、装配工艺文件

装配工作是将零件组合成一个整体的过程,但是并非只是将合格零件简单地连接起来,而是需要通过一系列的工艺措施,按照装配工艺规程的要求进行装配,才能最终满足产品的质量要求。常见的工艺文件包括装配计划、辅助材料表、工夹具及设备名称、组合零件名单、装配工艺卡等。

装配工艺规程(Assembly Outline,AO)是用于指导装配生产的技术文件,是用文件形式规定下来的产品装配工艺过程,一般包括任务说明,工程图纸,产品及部件的装配顺序,零件名称和零件号,装配方法,装配技术要求、检验方法、所需设备、工装,以及完成一个独立的装配任务所必需的其他有关信息。

任务 2　认识装配连接工作

一、装配工艺过程

装配工艺过程通常分为装配前的准备工作、装配工作、装配调整、检验(试车)4 个阶段。

(1)装配前的准备工作包括资料阅读和装配工具、设备的准备,充分的准备可以避免装配时出错,缩短装配时间,有利于提高装配质量和效率。

(2)装配工作是装配的主要阶段,对装配件进行连接。

(3)机械设备装配工作结束后必须进行调整、检验和试车,使其各部分功能处于最佳状态。在装配过程中零件和部件间要获得规定的相互位置关系,调整主要是对相关零部件的相互位置、配合间隙、结合松紧程度进行具体的调整工作,目的是使产品各机构之间能协调地工作,如轴承间隙的调整等。

(4)检验(试车)是指产品的精度检验。一般根据有关技术标准和规定,对产品进行全面性能的检验。

在这 4 个阶段中,装配基本工作内容是准备阶段的清洗、装配工作阶段的连接、调整阶段的调整与检验等几项。

(一)装配前的准备工作

装配前的准备工作包括资料阅读和装配工具、设备的准备,充分的准备可以避免装配时出错,缩短装配时间,有利于提高装配质量和效率。

(1)熟悉装配图及工艺文件技术要求,了解产品结构、零件相互连接关系、验收标准。

(2)明确装配顺序和方法,清点零件,标准件、准备所需要的装配工夹具及辅助材料,如滑油及密封材料等。

(3)对装配零件进行清理和清洗,检查零件是否有损伤,准备装配场地。

机械装配过程中,零件表面的毛刺会划伤配合表面,清理及清洗零部件表面杂质和污物对保证产品的装配质量和延长产品的使用寿命均有重要意义。

清理及清洗的目的是去除黏附在零件表面上的灰尘、油污及残余的切屑、铁锈等机械杂质,清洗后的零件往往还有一定的防锈能力。装配过程中因为钻孔、攻螺纹等补充加工所产生的切屑在装配前也必须清理干净。试运行后,还要清理因摩擦产生的金属微粒和污物。零件的清理如图 2-5 所示。

(a) 用专用工具去金属棱边毛刺   (b) 用抛光轮打磨去毛刺   (c) 复合材料表面吸尘

图 2-5　零件的清理

零件清洗可采用喷淋、气相清洗和超声波清洗。常见的零件清洗液有煤油、汽油、碱液及专用化学清洗液等。浸洗是将零件浸渍于清洗液中晃动或静置,清洗时间较长。喷洗依靠压力将清洗液喷淋在零件表面上。气相清洗则是利用清洗液加热生成的蒸气在零件表面冷凝而将油污洗净。超声波清洗是利用超声波清洗机使清洗液产生空化效应,以清除零件表面的油污。

(4)对密封性要求严格的部件进行气密试验。

(二)装配连接工作

装配的实质就是将零件或组合件连接在一起,图 2-6 所示为两个 L 形底座用螺栓装配连接。

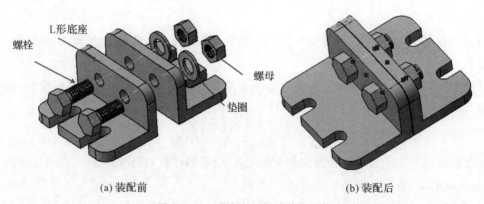

(a) 装配前   (b) 装配后

图 2-6　L 形底座用螺栓装配连接

装配最基本的要求是装配连接后,零件之间相对位置准确、连接牢固可靠。因此在装配过程中,首先要确定零件或组合件之间的相对位置(装配定位),工件定位好后,应该将它夹紧固定在此位置上,以防止连接过程中的位置变化,然后再进行连接。

在整个装配连接工作中,有这样几个比较重要的问题:装配基准的确定、定位夹紧的选择、连接方法的确定。

二、装配连接工作中的重点

(一)装配时基准的选择

1.设计基准及工艺基准

基准是用来确定零件外形或结构件之间相对位置的一些点、线、面。

设计基准:产品设计图样上采用的基准。当设计基准采用轴线、对称中心线等中心要素(这些中心要素通常是不存在于零件结构实体表面,属于不可见的基准)时,在生产中往往无法直接利用,如飞机水平基准线、飞机机身对称轴线。

因此在实际生产工艺过程中使用的基准一般是可见的轮廓要素,存在于零件结构表面,这就是工艺基准。工艺基准包括定位基准、装配基准及测量基准。

(1)定位基准用于确定结构件在设备工装上的相对位置。

(2)装配基准用于确定零件之间的相对位置。为了使零件装配位置准确,通常选择已经定位或已经固定的零件中的某个点线面作为待装零件的定位依据,这个部位就是装配基准。

(3)测量基准用于测量零件上或零件之间装配位置尺寸。

2.选择设计基准为工艺基准,避免基准不重合误差

选择设计基准为工艺基准,可以避免基准不重合误差。

当基准不重合时,则必须进行相应的尺寸变换,压缩组成环的公差来提高精度,以保证尺寸要求。如图 2-7(a),游标卡尺测量 AB 孔距时,测量基准与设计基准不重合;图 2-7(b)中,加工 C 面,若改测 AC 尺寸,则基准不重合。

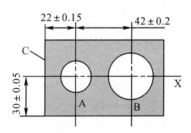

(a) 游标卡尺测量AB孔距基准不重合

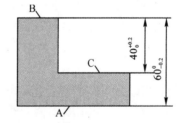

(b) 加工C面,测量AC尺寸,基准不重合

图 2-7　设计基准与工艺基准

3.提高定位元件的制造精度,减少基准位移误差提高装配精度

在定位时应尽量避免基准不重合误差以提高装配精度,此外零件定位表面的形状不同,需要采用不同结构形式的定位元件。零件以平面为基准时,可以采用支承钉、支承板或夹具体的凸台及平面作为定位件;零件以外圆面为基准时需要用 V 形铁或外圆定位座;零件以外形曲面作为基准时,通常用与其外形曲面同曲面的卡板;零件以内孔面作为基准时,一般采用定位销或芯轴。

在定位元件上,与零件上的定位基准面接触起限位作用的面称为限位基准面,如图 2-8 所示。夹具上的定位元件是定位销,其实测直径为 7.8 mm,在零件上加工定位孔时,经过测量发现定位孔直径 8 mm,则采用该销孔定位时,限位基准面与定位基准面不重合,存在 0.2 mm 的间隙,存在基准位移误差。

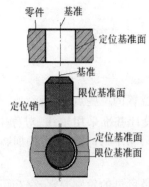

(a) 定位基准面与限位基准面

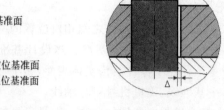

(b) 定位基准面的制造误差

图 2-8　定位基准面的制造误差

定位时避免出现基准不重合误差、减少基准位移误差均可以提高定位精度。

(二)装配定位方法的选择

装配的主要工作是将零件连接在一起。连接前,不论是哪一级的装配,在装配过程中,首先都要确定零件之间的相对位置,也就是先要对零件进行装配定位,使其在装配夹具中或组合件之间具有唯一确定的位置,装配件定位后,将它夹紧在此位置上固定,再进行连接。

1.六点定位原理

一个不加以任何限制的自由物体,对 3 个相互垂直的坐标系来说,有 6 个活动的可能性,分别是沿着 x、y、z 三个方向的移动和转动,这些活动的可能性称为自由度,则自由物体具有 6 个自由度。用合理布置的 6 个支承点限制工件的 6 个自由度从而使工件在夹具中得到正确位置的方法称为六点定位原理。如图 2-9 所示,xoy 面上的三个支承点可以限制物体 z 向移动、x 向转动及 y 向转动,xoz 面上的 2 个支承点可限制 y 向移动及 z 向转动,zoy 面 1 个支承点限制 x 向移动。

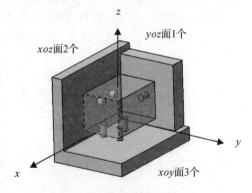

图 2-9　六点定位原理图

实际定位时需要采用定位元件来限制零件所有可能出现的位置变化,以消除 6 个自由度。对于刚性大的工件,约束 6 个自由度可以实现定位。在飞机装配中,大尺寸的薄壁钣金件刚度低,为防止变形也会采用超 6 点定位。

2.装配定位方法

装配定位方法主要有画线定位、基准件定位、装配孔定位和装配夹具定位。

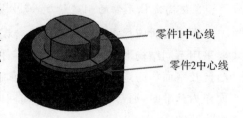

图 2-10　按画线进行定位

(1)手工画线定位。根据图纸,用通用量具或样板及画线工具画出待安装零件的位置线,以此来确定待安装零件的装配位置,如图 2-10 所示。

这种定位方法简便易行,不需要专用夹具,节省工装费用,效率低,但由于画线误差较大,精度不高,一般用于刚性大、位置准确度要求不高、容易测量的零件定位,也常在成批生产中作为其他定位方法的一种辅助定位方法。

画线定位法的技术要点:

1)看懂图样,确定划线基准,为避免误差累积,一个方向上最好只取一个固定的划线基准,通常需要画出待安装零件的中心线或轮廓线。如图 2-10 所示,预先画出零件 1 和 2 的中心线,定位时使其重合。

2)画线工具应避免划伤或腐蚀零件,对零件表面保护层有破坏或腐蚀的画线工具不能使用,比如金属划针、圆珠笔、含碳的画线笔等。常用的画线工具有石蜡笔、无碳水笔、特种铅笔。画线笔应细,避免线条太粗影响尺寸的准确性,如果画线尺寸有误,可以用布沾上异丙酮去除画线痕迹。

3)画线时,左手压紧导向工具(钢直尺或样板等),画线笔上端向导向工具外侧倾斜,使其笔尖靠紧导向工具与工件接触处的边缘,防止出现误差,向画线移动方向倾斜 45°~75°。画线方法如图 2-11 所示。

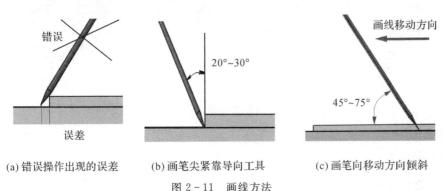

(a) 错误操作出现的误差　　(b) 画笔尖紧靠导向工具　　(c) 画笔向移动方向倾斜

图 2-11　画线方法

(2)按已安装好的零件(基准件)定位。以产品上已经预先安装好的刚性零件来确定待安装零件的位置。基准件一般是已经定位或安装好的零件,要求有较好的准确度及足够的刚度。比如,飞机上常利用已经制好的蒙皮上的缺口来安装口盖等。这种方法简便方便、节省工装、装配开敞、协调性好,在一般机械产品中大量使用。在飞机装配中,基准件定位法多用于小零件的定位,用于尺寸或形状相一致的、有配合关系的零件之间的装配。图 2-12 所示为按长桁上已经安装好的基准件角片来确定框的纵向位置。

图 2-12　按长桁上已经安装好的基准件角片来确定框的纵向位置

(3)按装配孔定位。这种方法是装配时以预先在零件上制出的孔进行定位来确定零组件之间的相对位置。装配孔就是预先按钻孔样板在两个要装配的零件上分别钻制出来的孔。装配孔的位置应选取在有利于保证定位准确度、比较可靠,以及便于操作的部位。装配孔的数量取决于零件的尺寸及刚度,一般每个零件上的装配孔数量至少应为 2 个,尺寸大、刚度小的零件,装配孔数量应适当增加。该方法定位时方便迅速,开敞性好,比画线定位准确度高,不需要使用专用夹具,适用于平板零件和单曲度零件以及曲度变化不大的双曲度外形钣件的定位。飞机蒙皮和框梁上的装配孔如图 2-13 所示。

装配孔定位法的技术要点:

1)装配孔一般选用铆钉孔(或螺栓孔),装配前在各零件的部分铆钉位置上按各自的钻孔样板分别钻出比铆钉孔径小的孔。

2)定位前先对照图样检查零件是否合格。

3)依次将零件装配孔对准,在两个零件上对应的孔内插入定位销进行定位,装配铆接时再对装配孔进行扩孔至铆钉孔直径要求。

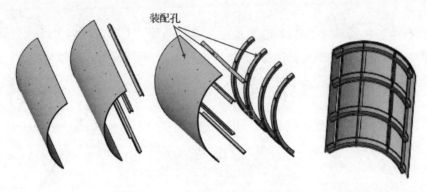

图 2-13 飞机蒙皮和框梁上的装配孔

(4)按装配夹具(装配型架)定位。零件直接安装在装配夹具上,由装配夹具上的定位元件来确定零件的装配位置,且装配夹具或装配型架上安装有夹紧件,无需再考虑夹紧方法。装配夹具定位是装配中最基础、应用最广的定位方法。这种方法的装配准确度由装配夹具的准确度决定,装配夹具的制造精度高则装配准确度高,定位操作迅速方便,可提高装配生产率,能保证产品互换要求,但生产准备周期长,工装费用较高。装配夹具定位如图 2-14 所示。零件放置在夹具底板上,将 2 个定位销插入零件上的 2 个定位孔后,零件在夹具上具有唯一的位置,再用定位夹紧件固定零件。

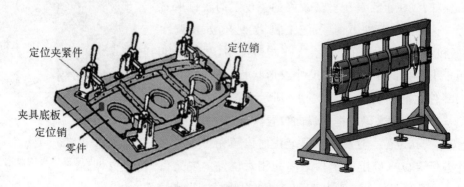

图 2-14 按装配夹具定位

(5)激光跟踪测量仪数字化定位。随着航空制造业不断发展,飞机装配技术也发生了重大变革,飞机大部件由于尺寸大,外形复杂,传统的测量方式效率低且难以保证大部件的对接要求。目前先进的数字化测量技术已经开始在飞机大部件对接中广泛使用,包括激光跟踪仪、室内 GPS、柔性自动定位器、照相测量等设备和技术。机身对接数字化装配系统如图 2-15 所示。

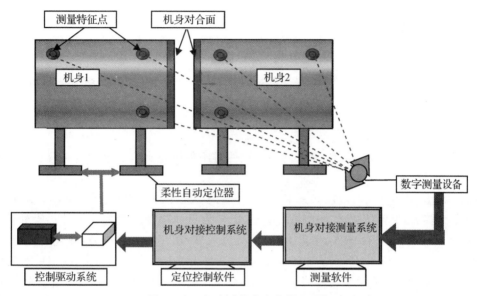

图 2-15　机身对接数字化装配系统

图 2-15 中通过先进的数字化测量设备对机身 1 和机身 2 或工装上的关键点进行测量,并将数据传入电脑的机身对接测量系统软件、机身对接控制系统中进行分析和计算,生成驱动数据后传递给控制驱动系统,驱动柔性自动定位器进行调姿。显然,激光跟踪仪测量仪自动定位的方式不仅定位精度高而且效率高,但成本也较高。

(三)被连接件定位后的夹紧

夹紧的目的是使参与装配的零组件在装配连接过程中始终符合定位要求,不串位,不变形。夹紧部位选择可以参考以下四点原则:

(1)夹紧不能破坏定位时的位置。

(2)夹紧后的零件不能产生较大的变形,夹紧力大小及作用点位置应合适。

(3)夹紧力的作用方向应使夹紧力最小。

(4)夹紧力的作用方向应垂直于零件的主定位面。

如图 2-16(a)所示零件 1,图 2-16(b)的夹紧点位置不合适,薄壁零件中间悬空部位可能产生变形,图 2-16(c)中间悬空处加垫块进行支撑减少了零件的变形。图 2-16(d)所示为零件 2,可以采用图 2-16(e)(f)进行夹紧,采用图 2-16(f)凸缘两侧夹紧时所需夹紧力比图 2-16(e)小。

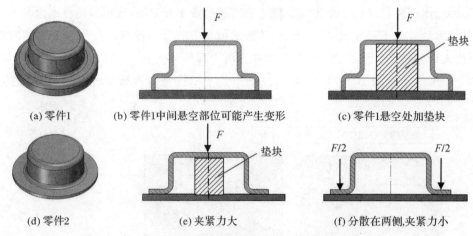

(a) 零件1　　(b) 零件1中间悬空部位可能产生变形　　(c) 零件1悬空处加垫块

(d) 零件2　　(e) 夹紧力大　　(f) 分散在两侧,夹紧力小

图 2-16　夹紧力作用点的位置不应使零件产生变形

在夹紧时需要采用相应的夹紧工具或压紧件对工件进行夹紧。常用的夹具包括卡板、穿心夹、压板、定位销、工艺螺钉、工艺铆钉、弓形夹等。

图 2-17 所示为钻孔时常用夹紧工具及工件的装夹。图 2-17(a)所示为 C 形夹或称为弓形夹,夹紧力较大,夹紧位置设置比较灵活,但受 C 形尺寸限制一般用于钣件边缘处的夹紧。图 2-17(b)所示为航空侧夹头,夹紧力较大,夹紧可靠,用于板件边缘处,并且需要用专用夹钳进行操作。图 2-17(c)所示的航空定位销(也叫穿心夹)是将定位销插入工件上已经钻好的孔内进行定位夹紧,夹紧及装拆都比较方便,在飞机装配中大量使用。目前航空上常用的航空定位销有三种:弹簧型,使用专用夹钳进行操作,操作方便,但弹簧夹紧力小,适用于夹层厚度小及孔径小的被连接件;蝶形(翼型)穿心夹,使用时用手拧紧,用于结构开敞性差或少量孔的夹紧;六角螺母型穿心夹,使用时用风扳机定力,用于大量孔的夹紧,夹紧强度好。图 2-17(d)为穿心夹固定铆接件,图 2-17(e)为用螺栓、压板夹紧工件。

(a) C形夹　　(b) 航空侧夹头及定位销专用钳　　(c) 穿心夹

(d) 穿心夹固定铆接件　　(e) 用螺栓、压板夹紧工件

图 2-17　钻孔时常用夹紧工具及工件的装夹

定位销、工艺螺钉、工艺铆钉使用时都要预先钻好孔,孔的位置都必须在铆钉位置处,其直径规格等于铆钉直径。在曲面上的定位销的间距应不大于 150 mm,在平面上定位销间距应不大于 250 mm。装配带有沉头窝的零件时,应使用与铆钉沉头角度相同的沉头工艺螺钉。

(四)装配连接方式

装配工作的实质其实就是将零组件按规定的技术要求连接起来。

根据装配件拆卸后是否损坏零件,连接方式分可拆连接和不可拆连接两种。可拆连接是相互连接的零件经过拆卸而不会损坏任何零件,常见的可拆连接有螺纹连接、键连接和销连接等。不可拆连接在装配后一般不再进行拆卸,如要拆卸则会损坏其中的某些零件,如焊接、铆接、胶接。

连接方式还可根据装配后零件之间是否允许相对运动,分为固定式连接和可动式连接(活动连接)。固定式连接装配后零件之间不允许有相对运动,必须保证装配好的零件间相对位置不变。而活动连接要求装配好的构件间能实现确定的相对运动。零件采用活动连接方式时,大部分是可拆开的,如一般产品中常见的回转副、移动副、螺旋副等;不可拆的活动连接,只有个别情况才会遇到,如螺旋副中将螺杆两端铆死,使配合的螺母只能在一定范围内转动而不能从螺杆上拧下来。

连接方式 {
固定式可拆连接:螺纹连接、键连接、销连接等
固定式不可拆连接:焊接、铆接、过盈配合、金属镶嵌件铸造、黏结剂黏合
活动式不可拆连接:不可拆的滚动轴承
活动式可拆连接:圆柱面、圆锥面、球面、螺纹面的间隙配合
}

零件之间常见的机械接连方式有螺纹紧固件连接、键连接、销连接、铆接、过盈配合和焊接等,如图 2-18 所示。

(a) 螺栓连接　　(b) 键连接　　(c) 销连接

(d) 铆接　　(e) 不可拆的滚动轴承　　(f) 焊接

图 2-18　零件之间常见的机械连接方式

螺纹紧固件连接是一种广泛使用的可拆卸的固定连接方式。螺纹紧固件常用的有螺栓连接、螺钉连接、双头螺柱连接,这些螺纹紧固件都属于标准件。其中螺栓连接用来连接两个不太厚的零件,在零件的被连接部位只需钻孔,安装上螺栓后拧紧螺母即可,连接简单可靠,使用方便,可以进行经常拆装而不损坏零件,所以在机械产品中得到广泛应用。在飞机上大量使用螺纹紧固件连接。

销一般用于零件之间的连接和定位。

键连接一般用于连接轴和轴上的齿轮、带轮等传动件。

铆接是用铆钉来连接两个被连接件。在连接时,将铆钉装入两个被连接件的铆钉孔内,通过压力或锤击力使伸出铆钉孔外的铆钉杆产生塑性变形,形成镦头,从而使被连接件连接成为一个整体。铆接的类型包括活动铆接和固定铆接,活动铆接后的两个被连接件仍可以做相对运动。固定铆钉连接是常用的不可拆连接,在飞机上大量使用。

过盈配合连接多用于轴与孔的配合,常用压入法和热胀冷缩方法进行装配。

胶接是用胶黏剂连接两个被连接件,在机械、航空领域得到了广泛的应用。

焊接是通过加热或加压使两个零件连接部位的原子或分子之间的结合和扩散连接成一体的工艺过程,包括钎焊、压焊和熔焊 3 种类型:①钎焊是采用比连接部位材料熔点低的金属材料作为钎料,通过加热使熔化的金属液体(焊料)填充到被焊接的零件之间,凝固之后使零件连接在一起,如用电烙铁对电子元件进行锡焊。②压焊是在焊接过程中施加高压的方式接合金属材料。③熔焊是通过加热融化两个零件被连接部位,形成熔池,待熔池冷却凝固后即可达到原子结合的目的,主要用于各种金属之间的焊接。

任务 3　了解保证装配精度的措施

一、装配精度的概念

装配精度是产品设计时根据使用性能要求所规定的必须保证的质量指标,机器的装配精度包括零部件间的相互距离精度、位置精度、相对运动精度、接触精度等。

(1)相互距离精度:包括配合精度和距离精度。配合精度是指配合面间达到规定的间隙或过盈的要求,距离精度是指零部件间的轴向间隙、轴向距离和轴线距离等。

(2)位置精度是指产品中相关零部件间的平行度、垂直度、同轴度等。

(3)相对运动精度是指产品中零部件间在运动方向和运动速度上的精度。

(4)接触精度是指两个配合表面接触表面和连接表面间达到规定的接触面积大小和接触点分布情况。它影响接触刚度和配合质量的稳定性。

零件精度是保证装配精度的基础,但装配精度并不完全取决于零件精度。

二、提高装配准确度的误差补偿方法

装配误差是指零部件的安装位置与装配大纲要求的理想位置之间的差异。装配误差产生的原因主要有零件制造误差、工具量具制造误差、操作错误产生的误差、温度湿度等环境误差,以及缺乏责任心或思想不集中产生的人为误差。

与金属相比较,由于复合材料成型特点不同,其尺寸精度不高(如厚度方向公差较大),若过分提高零件和装配件的制造精度,在经济上不合理,技术上也较难做到。因此,在装配过程中,需要采取一定的措施去修正误差,使装配误差减小,保证装配的协调性,这种修正措施称为误差补偿。误差补偿分为工艺补偿和设计补偿两种方式。

1.工艺补偿

工艺补偿是从工艺方面采取的补偿措施。通过在装配时对留有余量的工件(工艺上制定)进行补充加工,改变某些尺寸,以保证装配协调的方法。工艺补偿有修配或修配后精加工两种方法。

(1)装配时的相互修配:如飞机外蒙皮间的对缝间隙要求较严格,在制造时,蒙皮边缘处留加工余量,在装配时再对蒙皮边缘进行修配,最终达到间隙要求。在试制阶段、小批生产时也通常采用相互修配的方法。

(2)装配后的精加工:相互修配方法的手工劳动量大,且不能满足互换性要求。可采用装配后精加工来满足装配协调。如部件之间的凸缘式连接接头,为保证对接面的准确度和部件的互换性,对部件上的凸缘对接面进行最后的精加工。

2.设计补偿

设计补偿是从结构设计方面采取的补偿措施。在装配时利用结构补偿件(设计上给定)改变工件某些尺寸,以保证协调的方法。设计补偿有垫片补偿、间隙补偿、连接补偿件、可调补偿件。

(1)垫片补偿:常见的补偿方式,装配时根据实际存在的间隙大小加一定厚度的垫片,以补偿协调误差。

(2)间隙补偿:常用于叉耳对接配合面,或对接螺栓和螺栓孔。

(3)连接补偿件:是一种在重要零件或组合件间的连接处过渡的连接角材。

(4)可调补偿件:是一种在结构上使两个零件或构件的相对位置可以调节,以补偿协调误差。

三、装配时的基本规范

装配是产品制造的最后一个阶段,是决定机械产品质量的一个重要工艺过程。一般来说零件的精度(特别是关键零件)会影响相应的装配精度,但即使是全部合格的零件,如果在这一阶段装配不当,往往也不能获得质量合格的产品。

装配要达到 5 点要求:以正确的顺序进行安装、按图样规定的方法进行安装、按图样规定的位置进行安装、按规定的方向进行安装、安装后的产品必须达到预定的要求。

为了提高装配质量,必须了解以下装配基本规范:

(1)在装配之前,应首先仔细阅读装配图和装配说明书,明确装配技术要求,熟悉各零部件在产品中的功能。

(2)装配应严格按照设计部门提供的装配图纸及工艺要求进行,严禁私自修改作业内容或以非正常的方式更改零件。(如果没有装配说明书,则在装配前应考虑好装配顺序)

(3)装配的零件必须是质检部验收合格的零件,装配过程中若发现漏检的不合格零件,应及时上报。

(4)装配零部件及装配工具在装配前应进行清洗。必须采取适当的措施,防止异物或脏物进入正在装配的产品内。装配环境要求清洁,不得有粉尘或其他污染,零件应有序存放在干燥、无尘、有防护垫的场所,做到清洁整齐、文明生产。

(5)装配过程中不得磕碰、划伤零件,不得损伤零件表面,或使零件明显弯、扭变形,零件的配合表面不得有损伤。特别是复合材料制件因其耐冲击性差,在装配过程中不得敲击、磕碰。

(6)相对运动的零件,装配时接触面间应加润滑油(脂)。

(7)装配过程中应及时检查或测量,如位置是否正确、间隙是否符合规格中的要求,相配零件的配合尺寸要准确。装配时要使用符合要求的紧固件及合适的装配工具。

(8)装配完毕后,装配工应自检所装配的内容是否符合工艺要求,以及产品功能等是否符合设计要求。

任务 4　正确选择树脂基复合材料装配连接方法

一、复合材料装配连接特点

用于制造一些大型复合材料部件(比如汽车车身或飞机机身)时需要的复杂大型模具使得制造成本非常高,如果通过各种连接技术先组装成小组合件,再将小组合件连接成大部件可以降低成本。同时复合材料整体成型工艺的发展虽然极大地减少了零件和连接用紧固件的数量,但是复合材料零件仍然需要参与装配。因此在复合材料产品制造过程中不可避免地涉及装配连接问题。

相对于金属结构,影响复合材料连接强度的因素要复杂得多,复合材料的连接部位成为结构中的薄弱环节。金属的应力集中只与几何形状有关,而复合材料的应力集中除了与几何形状相关外,还与铺叠方式有关,连接区域增强材料的间断也会导致局部应力集中。复合材料连接的失效形式比较多,强度预测比较困难,载荷方向和环境等多种因素对连接强度也都有影响,这些特点使得实际复合材料连接强度问题变得更为复杂。

据统计,复合材料有 60%~80% 的破坏都发生在连接部位,因此,解决复合材料结构的连接问题,对减轻结构重量、改善产品性能、促进复合材料的应用具有重要意义。

复合材料零件的装配连接与金属零件相比,主要有以下特点:

(1)受复合材料零件原材料、制造工艺方法以及材料本身特性限制,复合材料零件厚度、平面度、角度等尺寸和形位公差比切削加工的金属零件大,因此在装配设计时必须考虑一定的补偿方法。

(2)需考虑采取措施防止金属紧固件与导电的碳纤维复合材料零件之间直接接触产生的电偶腐蚀(电化学腐蚀),如碳纤维复合材料与铝或镀镉的紧固件相接触时会产生电化学腐蚀,由于玻璃纤维复合材料不导电可以通过添加玻璃纤维层进行隔离。

(3)复合材料属脆性材料,断裂延伸率为 1%~3%,对装配间隙敏感:间隙在 0.2~0.8 mm,应使用液体垫片;大于 0.8 mm 就应使用固体垫片,否则容易造成树脂碎裂、局部分层等损伤。

(4)大多复合材料零件由很多层材料铺叠而成,层间强度剪切强度低,钻孔时轴向力容易产生层间分层和孔出口端分层。当同时在复合材料与金属零件上制孔时,若从复合材料钻向金属,易造成金属屑损伤已加工复合材料孔壁的情况,而从金属材料钻向复合材料时,孔出口端边缘纤维易劈裂。

(5)碳纤维复合材料制孔时,刀具磨损较严重。如,高速钢钻头每刃磨一次只能加工 5 个左右的孔,并且制孔时有纤维粉尘污染,在施工时必须采用一定保护措施。

(6)复合材料层间强度低,冲击易分层,不宜采用带有冲击力的装配方法(锤铆)。

(7)复合材料紧固件连接采用间隙配合。若采用过盈配合,易造成孔壁四周损伤。或者也可以添加金属衬套,采用小过盈量(1%~2%)配合。

二、复合材料装配连接方法简介

复合材料装配过程与金属材料的装配类似,主要在于连接方法与金属连接有着较大的区别。复合材料的连接方法有:胶接、机械连接(铆接、螺接)、混合连接、缝合连接、z-pin 连接技术、热塑性复合材料的焊接、湿挤压铆接等。

(一)胶接

胶接是复合材料结构中普遍采用的一种连接方法,这种方法是用胶黏剂将两个零件黏结成为一个不可拆卸整体的工艺方法。图 2-19 展示了几种复合材料胶接零件。

图 2-19 复合材料胶接零件

胶接具有以下优点:

(1)胶接无需钻孔,因此不会发生因为开孔引起的应力集中,复合材料胶接与机械连接的应力比较如图 2-20 所示,从图中可以看出机械连接开孔处的截面变化位置有较高的应力集中。胶接面无尺寸变化,其应力分布相对均匀,胶接能实现更均匀的应力分布。

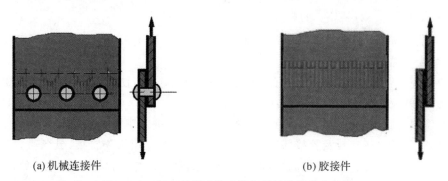

(a)机械连接件   (b)胶接件

图 2-20 复合材料胶接连接与机械连接应力比较

(2)胶黏剂重量与机械连接的铆钉螺栓等紧固件的重量相比较轻,胶接接头轻。

(3)胶接零件外形平整。

（4）胶黏剂可以黏结不同的材料，不同材料连接后不会产生电偶腐蚀，密封性好，操作容易。

但胶接也存在一定缺点：胶接一般需要大量时间，胶黏剂需要固化时间且胶接前需要对黏结面进行制备，工艺要求比较严，而且胶接的质量难以控制；胶接件强度分散性比较大；胶接黏结成型后不能拆卸、胶黏剂受湿热环境影响大，存在老化问题，难以传递大载荷。

（二）机械连接

机械连接是在两个被连接件的连接部位钻孔后，采用螺钉、螺栓、铆钉等紧固件将两个被连接件连接在一起的工艺方法。这种技术在连接结构较厚、受力较大的复合材料结构中普遍采用。机械连接件如图 2-21 所示。

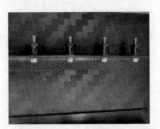

(a)螺钉连接金属支架及复合材料　(b)铆钉连接两个玻纤板　(c)螺栓连接两个碳纤维复合材料

图 2-21　复合材料机械连接件

按紧固件及连接工艺不同，机械连接有螺接和铆接两大类型。铆接属于不可拆连接，依靠铆钉将构件连接在一起；螺接属于可拆连接，采用螺栓进行连接，安装过程与金属结构相同，但工艺要求更加严格。螺栓连接比铆钉连接能承受更大的载荷，一般用于连接主承力结构，并且需要重复装配和拆卸的场合。

机械连接优点：对连接表面不需要进行表面处理，便于检查质量、安全可靠、强度分散性小，能传递大载荷；可重复装配，无固化应力，受环境影响小。

机械连接缺点：需要在被连接部位钻孔，开孔部位纤维被切断强度有削弱，且引起孔周边区域的应力集中；制孔要求高增加了制造成本，增加紧固件重量，复合材料与金属材料接触存在电位腐蚀。

（三）混合连接

在同一个结构连接部位采用两个以上连接方法连接的称为混合连接。目前主要是胶接与铆接或者胶接与螺接一起使用。

（1）胶螺混合：被连接件固化后制孔、涂胶并安装螺栓拧紧，使胶层固化获得胶螺连接。或者在已经固化的胶接接头上制孔、安装螺栓并拧紧。

（2）胶铆混合：等待被连接件胶接胶层固化后，再钻孔进行铆接。

混合同时具备机械连接及胶接部分优点：抗剥离、延缓胶层损伤扩展；具备密封情况下进一步增加连接强度、提高载荷传递能力；可以隔离金属紧固件与复合材料，无电位腐蚀。

出于破损安全的考虑，采用胶铆、胶螺混合连接，可以得到比单一连接形式（只有胶接或只有机械连接时）更好的连接安全性和完整性。胶铆或胶螺混合连接设计时通常选用韧性胶黏剂并且尽量提高紧固件与孔的配合精度。

应用混合连接要注意以下 3 点：

1)胶接连接中采用紧固件加强,一方面可以阻止或延缓胶层损伤的扩展,提高抗剥离、抗冲击、抗疲劳和抗蠕变等性能,另一方面也有孔应力集中带来的不利影响。

2)通常机械连接的变形总是大于胶接的变形,应尽量使胶接与机械连接的变形相协调。

3)紧固件与孔的配合精度很重要,若配合不好,可能增大连接的剪切变形而导致胶层的剪切破坏继而引起紧固件的剪切破坏或孔的挤压破坏,达不到预期的效果。

(四)缝合连接

缝合连接是用专业的缝合设备,用缝线对两个未固化的复合材料被连接件进行缝合连接。目前采用机器人控制缝合针头,专用于预成型件的缝合,设备的缝合针头可以持续沿着被缝合件的缝口移动,可以实现三维编织复合材料预制件的成型。这种方法具有整体性好、力学结构合理等特点,克服了在传统层合复合材料中经常出现的层间破坏的致命弱点;同时具有显著的抵抗损伤和裂纹扩展的能力,使制作主承力复合材料构件成为可能。目前其已被应用于许多领域中,尤其是在航天航空领域。

缝合时纤维在层合板厚度方向进行了增强,大大增加了层间剪切强度和抗冲击抗分层能力,但由于缝合时在纤维层上刺入缝合针,使得纤维有所损伤甚至断裂,因此面内强度有所降低,此外缝合需采用专用设备,成本较高。缝合过程及设备如图 2-22 所示。

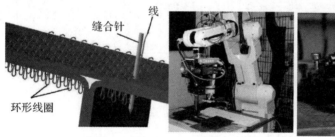

图 2-22 缝合过程及设备

有文献对缝合与未缝合单搭接连接进行试验,试样采用碳纤维机织织物层压板(名义厚度 2.864 mm,搭接区厚度 5.728 mm)。预成形件铺层:[0/-45/+45/90]s,缝线采用 Kevlar40;未缝合破坏载荷 9.5 kN,缝合 13.9 kN。试验结果表明:在搭接两端采用折线形缝合,中部区域采用直线形缝合,缝合单搭接连接的强度比未缝合的高 46%。

(五)z-pin 连接技术

z-pin 是一种很细且短的刚性钉(0.2~1.0 mm),一般由高强度高刚度的复合材料或金属制成。z-pin 连接技术是在预成形浸渍件中直接嵌入 z-pin,然后固化的技术。z-pin 连接件如图 2-23 所示。

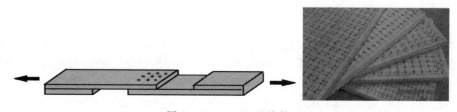

图 2-23 z-pin 连接件

z-pin 技术应用:层压板的整体增韧、结构件的连接(搭接和 T 形连接等)和泡沫夹层结构。有文献表明:用完全固化后的树脂纤维针 z-pin(x-cor 型)加强泡沫夹心层,与未加强的比较,其剪切强度提高 4 倍,压缩强度提高 10 倍。

z-pin 技术可分为两大类:单根植入式和整体嵌入式。

(1)单根植入式:采用手工方法利用工具,如用射钉枪将 z-pin 逐个射入预浸料或干织物铺层的层板里。其优点是灵活方便,可用于曲面结构;但效率较低,质量难以保证。

(2)整体嵌入式:利用载体将若干排列有序的 z-pin 同时嵌入到层压板中,如图 2-24 所示。适用于平面结构,耗时少,效率高,目前应用广。在放卷装置中的 pin 经过送料机构扎入聚苯乙烯泡沫中,经过剪切装置和冲压装置压平形成预制体。

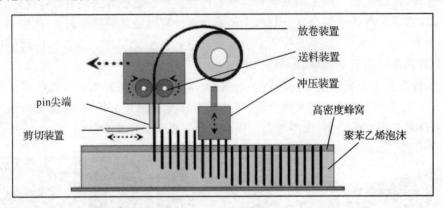

图 2-24　Albany 公司 z-pin 预制体制造示意图

图 2-25 所示整体嵌入式制作 z-pin 连接流程如下:

(1)制作软硬两层泡沫预制体,植入 z-pin。

(2)将预制体硬泡沫面接触预浸料表面以维持 z-pin 穿刺时的位置。

(3)利用真空袋压力或热压罐压力,将溶溃或压溃的软泡沫中的 z-pin 转移压入预浸料。

(4)预浸料固化后切割去除泡沫层。

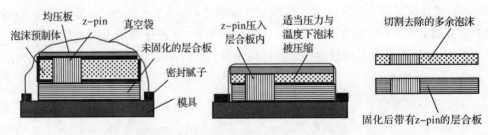

图 2-25　整体嵌入式制作 z-pin 连接

(六)热塑性复合材料的焊接

热塑性复合材料的焊接也称熔化连接,与金属材料的焊接有所不同,树脂基复合材料焊接主要是针对两个热塑性复合材料零件,利用热塑性树脂加热融化—冷却硬化这一过程可以反复进行的特点,通过加热熔融连接界面,使树脂分子扩散完成连接。由于焊接没有引入新的材料,连接件的应力分布比机械铆接更均匀,不会产生应力集中,焊接工艺时间短,便于实现自动化。

1.热塑性复合材料焊接工艺过程

熔化焊接工艺主要分为表面处理、加热、热压、扩散和冷却等 5 个步骤。

(1)表面处理:制作时为了脱模需要,很多情况下都会在热塑性材料表面沾上脱模剂,因此焊接前也需要表面处理。通常可以采用机械或化学方法进行处理,例如采用砂纸打磨、用纱布蘸丙酮、用无水乙醇擦拭焊接表面进行脱脂处理等。也有研究表明,处理得当的话,渗透到零件表面内的少量脱模剂对焊接影响不大。

(2)加热:加热方式有很多,最好的技术是只在连接接头附近对热塑性复合材料连接表面进行局部加热并熔化,这样零件其他部位的外形不受影响。加热过程中主要的技术问题是:由于在加热过程中,树脂熔化后将失去对纤维的支撑固型作用,可能导致纤维扭曲和松散,因此在热塑性复合材料的焊接加热时,零件必须有适当的支撑或使零件在压力条件下加热熔化,以减少这些影响。

(3)加压:对加热零件表面加压可以消除表面不平整并使界面产生紧密接触。复合材料具有的表面粗糙度或者两个零件之间表面的不平整、加热过程产生非均匀的温度场以及气泡,使两个聚合物之间的连接界面更为紧密接触,复合材料表面应多加一层富树脂层。

(4)扩散:连接表面间的分子扩散和分子链间的缠绕产生了焊接强度。对于非晶态聚合物,扩散时间依赖于材料温度和玻璃化转变温度的差别,对于半晶态聚合物,分子间的扩散只有在超过熔化温度才会产生,因为熔化温度明显高于玻璃化转变温度,扩散时间很短,如半晶态 PEEK 和聚合物的扩散时间与加热加压时间相比类似于瞬时。

(5)冷却:冷却后,热塑性材料重新硬化以使两个被连接件连接成为一个整体。冷却过程中也应该持续加压,也就是对复合材料连接部位的加压过程应该持续到连接部位完全硬化为止,以防止冷却硬化过程中材料软化导致的扭曲。

2.热塑性复合材料焊接方法

目前热塑性复合材料焊接方法根据加热方式不同,有电阻焊、感应焊和超声波焊等焊接形式。

(1)电阻焊。电阻焊是在两个热塑性复合材料零件的连接接合界面上放置加热元件,如用石墨预浸料层制成的导电编织物,当有电流通过时,电阻产生热量,两个接触面上的树脂熔化后融合在一起,冷却后实现热塑性复合材料的焊接连接。为改善连接强度,还可在石墨预浸料上下各夹一层热塑性树脂薄膜,如图 2-26 所示。优点:设备简单灵活、焊接速度快、工艺流程短、可实现大面积的焊接,费用低,接头强度高,没有厚度限制,是全接触面焊接;缺点是需要大功率电源,焊接接头面需要布置加热元件,加热元件嵌留在连接界面上。

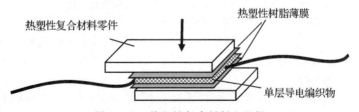

图 2-26　热塑性复合材料电阻焊

(2)感应焊。感应焊接是利用电磁感应加热连接部位。将金属嵌件放在被黏合的塑料表面之间,以适当的压力使它们暂时结合在一起,并将其置于高频磁场内,如图 2-27 所示。金属嵌件因感应生热使热塑性塑料熔化,冷却后与塑料部件连接。特点:焊接速度快(一般 3～10 s,甚至只 1 s)和多样化,焊接强度多数情况下都能符合使用要求。缺点是:焊缝处留有金属加热带、设备投资高、焊接强度不如其他焊接方法高。

(3)超声波焊。超声波焊接是指利用超声波频率(16 kHz 以上)的机械振动能量进行加热连接的一种焊接方法。超声波作用于热塑性塑料接触面时,会产生每秒几万次的高频振动,产生局部高温,且塑料导热性差,热量聚集在焊区,致使两个塑料接触面迅速熔化,融合成一体。超声波焊机如图 2-28 所示。

感应线圈

图 2-27　热塑性复合材料感应焊　　　　图 2-28　超声波焊机

(七)湿挤压铆接

这种方法是将浸渍了树脂的纤维束放置在被两个连接件的孔内、加压固化成为连接铆钉,类似于铆接。

三、复合材料装配连接方法选择

选取复合材料连接方法时,首先必须满足使用要求,并且兼顾各种连接方法的优点。常用的几种复合材料连接方法比较见表 2-1。

表 2-1　常用的几种复合材料连接方法比较

连接方法	优 点	缺 点
机械连接	①便于检查质量、连接可强度和可靠性高; ②可重复装配和拆卸; ③受环境影响较小,工作温度宽,抗高温、抗蠕变能力大; ④制件连接表面处理要求不高; ⑤无胶接固化产生的残余应力; ⑥无厚度限制便于检查质量,连接可靠性高; ⑦受环境影响小	①制件层合板开孔受力不均,孔周局部应力集中; ②制孔可能损伤复合材料,制孔工艺要求较高、容易出现制孔缺陷; ③紧固件部位接头重量大; ④制作工作量增加、成本增加; ⑤需二次密封; ⑥垫片会引起装配应力; ⑦钢、铝紧固件与复合材料接触会产生电化学腐蚀,故需选用与复合材料电位差较小的材料制成的紧固件; ⑧制件表面连接处不平,影响外观

续　表

连接方法	优　点	缺　点
胶接	①无钻孔引起的应力集中,无纤维切断,基本层压板强度不下降; ②制件表面平整光滑、美观; ③不需要紧固件,结构轻,连接效率高; ④抗疲劳、密封、减振及绝缘性能好; ⑤有阻止裂纹扩展作用,破损安全性好;连接元件裂纹不易扩展,密封性好,成本低; ⑥不同类材料间连接,无电偶腐蚀问题	①工作温度范围窄:−60~150℃; ②缺少可靠的无损检测方法,胶接质量控制比较困难,可靠性差; ③胶接强度分散性大,胶层易被剥离,难以传递大的载荷; ④胶接性能受湿、热、腐蚀介质等环境影响大,存在一定老化问题; ⑤胶接表面处理及胶接过程控制工艺要求严格; ⑥无损探伤困难; ⑦不可拆卸,被连接件间的配合公差要求严; ⑧不适于较厚的结构,不能传递大载荷
缝合连接	①明显提高层压板的层间剪切强度; ②避免胶接可靠性低和受环境影响大的缺点; ③有利于阻止损伤扩展	①面内强度有所降低; ②需要专用缝纫设备,投资大、成本高; ③对缝合线材料性能要求严,材料有限
热塑性复合材料焊接	①可自动加工; ②可连续焊接; ③可减少紧固件数量、重量	①需要板件两面有操作空间; ②需要局部加热设备

目前结构连接中最主要的方法是机械连接、胶接及混合连接。

(1)机械连接因其承载力较大,可靠性高,具有装拆方便、强度稳定、抗剥离能力强的特点,通常用于承受较大载荷或者强调可靠性的主承力部位的连接。其中螺栓连接比铆钉连接可承受更大的载荷,一般用于主承力结构的连接。若无需拆卸、载荷较小时,可用铆接。

(2)胶接一般适用于小载荷、板件较薄、环境条件不恶劣时、承受剪切载荷的部位。胶接的主要优点是无钻孔,连接效率较高,结构重量轻,可获得光滑气动外形,因此,在轻型飞机或飞机非主要承力结构上应用较多。

(3)胶铆(螺)混合连接适用于要求提高结构安全性连接的部位。可用于中等厚度板的连接。

(4)通常厚板采用机械连接,中等厚度板采用混合连接。对于薄板,通常采用胶接或混合连接,若胶层强度高于被胶接件强度,破坏在胶接区域外,不用加紧固件。若纯胶接的破坏形式为层间破坏,则采用机械连接作为补充。

习　　题

一、填空题

1.相对于金属结构,复合材料的＿＿＿＿＿＿＿部位是结构中的薄弱环节,其影响因素比金属复杂得多。

2.复合材料的焊接适用于_____复合材料,利用的是其_____的特点,加热熔融连接界面,使树脂分子扩散完成连接。

3.机械产品的装配工艺过程通常有四个阶段,装配基本工作内容是准备阶段的清洗、装配工作阶段的_____、调整阶段的调整与检验等几项。

4.复合材料装配连接方式有_____、_____、_____、_____,常用的3种是_____、_____、_____。

5.机械产品的装配工作阶段最基本最重要的内容是_____、_____、_____。

6.若干_____组成产品的过程称为装配。

7.工艺补偿有_____、_____设计补偿_____、_____、_____、_____。

二、选择题

1.下列属于可拆连接的是(   )。

A:螺栓连接　　　　B:焊接　　　　　　C:胶接　　　　　　D:铆接

2.采用下列方法来调整装配间隙,属于工艺补偿的是(   )。

A:加垫片　　　　B:加大间隙　　　C:采用调整螺母　D:修配

3.装配的最小单元是(   )。

A:零件　　　　　B:合件　　　　　C:组件　　　　　D:部件

4.下列连接方式中不可拆连接有(   )。

A:铆接　　　　　B:焊接　　　　　C:黏结　　　　　D:螺纹连接

5.下列连接方式中,适合热固性复合材料的连接有(   )。

A:铆接　　　　　B:螺栓连接　　　C:黏结　　　　　D:焊接

6.下列连接方式中,适合热塑性复合材料连接有(   )。

A:铆接　　　　　B:螺栓连接　　　C:黏结　　　　　D:焊接

7.下列复合材料机械连接正确的说法是(   )。

A:便于检查质量,连接可靠性高　　　B:制件表面平整

C:可以拆卸　　　　　　　　　　　　D:连接表面制备要求不高

8.下列复合材料胶接连接不正确的说法是(   )。

A:便于检查质量,连接可靠性高　　　B:制件表面平整

C:可以拆卸　　　　　　　　　　　　D:连接表面制备要求不高

9.复合材料装配具有以下特点(   )。

A:复合材料零件外形有偏差时可以通过变形或校形来适应装配

B:复合材料零件不允许锤铆

C:复合材料零件尺寸公差一般较大,故需考虑装配时的补偿

D:复合材料零件钻孔时问题较多,容易产生分层缺陷。

三、判断题

1.设计补偿是指装配时对留有余量的工件进行补充加工。　　　　　　　　(   )

2.碳纤维复合材料铆接时通常采用锤铆。　　　　　　　　　　　　（　　）

3.碳纤维复合材料铆接一般用压铆或拉铆,不用锤铆。　　　　　　（　　）

4.螺栓连接比铆钉连接能承受更大的载荷,一般用于连接主承力结构,且可重复装配和拆卸的场合。　　　　　　　　　　　　　　　　　　　　　　　　　　　（　　）

5.复合材料紧固件连接通常采用间隙配合,若采用过盈配合,易造成孔壁四周损伤。（　　）

6.部件与部件之间的连接一般用不可拆的连接方式。　　　　　　（　　）

7.机械连接属于可拆连接,胶接属于不可拆连接。　　　　　　　（　　）

8.缝合及 z - pin 均可增强层合板的层间剪切强度,但对其面内强度有损伤。（　　）

9.装配时可以通过用手锤轻轻敲击树脂基复合材料零件使其弯曲变形来适应装配。（　　）

10.通过改变调整垫片的厚度来适应装配间隙,采用的是设计补偿方法。（　　）

三、简答

1.装配时的定位方法有哪些?

2.复合材料连接与金属相比有何特点? 复合材料有哪些连接方法?

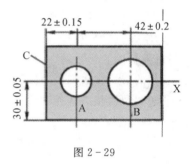

图 2 - 29

3.比较复合材料机械连接和胶接的优缺点。

4.定位时应尽量避免基准不重合误差以提高精度,当基准不重合时,则必须进行相应的尺寸变换,压缩组成环的公差来提高精度,以保证尺寸要求。看图 2 - 29 回答下列问题:

(1)图 2 - 29 中孔 B 水平方向的设计基准是_____。

(2)若以 C 面定位加工孔 B,存在_____,要满足 AB 孔距要求,可以调整 B 孔与 C 面尺寸公差为_____。

5.判断图 2 - 30 夹紧力作用点的正确位置。

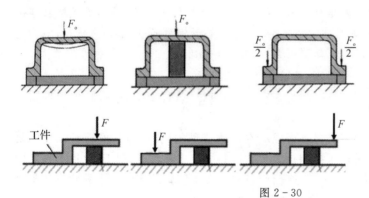

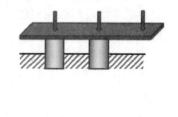

图 2 - 30

模块 3　树脂基复合材料胶接连接技术

【学习目标】

(1)了解胶接胶黏剂的常用类型。

(2)熟悉胶接的主要优点及缺点,会判断胶接接头的破坏形式。

(3)会计算胶接剪切强度,熟悉胶接强度的主要影响因素,会选择胶接接头主要参数。

(4)掌握复合材料胶接技术及胶接质量控制要点。

【学习重点】

胶接的常见接头类型及应用特点、胶接接头主要工艺参数,胶接强度的主要影响因素,胶接工艺过程及胶接质量控制要点。

任务 1　熟悉胶接基本概念

一、胶接基本概念

(一)共胶接与二次胶接

胶接是借助胶黏剂将零件黏结起来成为不可拆卸整体的一种连接工艺,是复合材料结构中主要连接方法之一。由于胶接不需要金属紧固件,因此被连接件上无需钻孔,不破坏被连接复合材料原始纤维的完整性,不影响被连接件的原始强度,外形相对平整,结构质量轻,节约装配时间、成本低,在国内外航空结构上得到了越来越广泛的应用。

复合材料结构件胶接可以采用共固化、共胶接或二次胶接。

共固化是指两个均未固化的复合材料制品在一次固化成型过程中,同时将两个制件胶接连接在一起。

共胶接是指一个还没有固化的复合材料半成品在固化成型的同时,与其他已经固化的复合材料制件胶接在一起的方法。进热压罐固化的次数比共固化多一次,成型工艺可靠,在其胶接时由于存在一个固化的零件,降低了工艺难度,而且有一个未固化的相当于柔软状态的复合材料半成品,容易保证其与已经固化零件之间的配合协调。

二次胶接是指两个已经固化的复合材料制件通过胶黏剂进行胶接固化,连接成一个整体的工艺过程。二次胶接时零件分别制作,降低了制造大型构件的风险,并且降低了零件制作工艺难度,但两个复合材料制品都已经固化成为固态,相互间的配合协调性较差,容易出现胶接不良的缺陷。

共固化只需一次固化过程即可实现连接,进热压罐次数少,性能最好,可以节省工时和能源,二次胶接零件的整体性不如共固化的好。虽然共固化技术具有许多优点,但组合装配技术要求较高,并且受结构形式、尺寸、工装设备及配套材料限制,一次成型有时很困难,许多构件还需要采用共胶接和二次胶接。

由于共固化胶接与一般复合材料构件成型工艺类似,胶接一般指的是二次胶接和共胶接。共胶接和二次胶接的零件如图 3-1 所示。

(a) 共胶接零件　　　　　　(b) 二次胶接件

图 3-1　胶接件及共胶接零件

(二)解释胶接现象的几种理论

1.吸附理论

吸附理论认为,黏合是胶黏剂与被粘物分子在界面层相互吸附产生的,只要在胶黏剂固化前完全润湿被胶接材料表面,胶黏剂分子与被黏结表面分子间距离小于 0.5 nm 时,分子间相互作用力(范德华力或氢键力的结合)就可以产生很高的胶接强度。

2.机械理论

固体表面肉眼看即使十分光滑,微观放大后都有些表面凹凸不平或孔隙,如机加工后的金属表面粗糙度 $Ra3\sim6\ \mu m$,即使经过抛光也只能达到 $Ra0.02\sim0.25\ \mu m$。机械嵌合理论认为液态胶黏剂渗入被粘物表面的孔隙内,固化后的胶黏剂形成许多钩子或胶钉,产生钉扎、咬合、锚固作用,因此具有良好的黏附作用。如,经过打磨的粗糙表面比光滑表面的胶接效果好。

3.扩散理论

物质分子在不停运动中,胶接时,胶黏剂与被粘物界面上分子间会产生扩散作用,被胶接表面溶胀或溶解,则胶黏剂能扩散到被粘物的内层,同时被粘物的分子也能扩散到胶层中,形成相互交织的扩散层而形成牢固的连接。当胶黏剂和被粘物都是能够运动的长链大分子聚合物时,可适用扩散理论,如热塑性复合材料的胶接。

4.化学键理论

胶黏剂与被粘物表面通过化学反应形成高强度的化学键。化学键是分子中相邻原子间强烈的吸引力,一般比范德华力大一个数量级,胶接强度高,但实际上化学键的形成并不普遍。

5.静电理论

静电理论认为胶黏剂与结合表面间存在双电子层,而黏结强度是由双电子层的静电引起的,但其解释黏结有局限性。

注意:单一的胶接理论不能完全解释胶接。胶接效果是胶黏剂与被胶接表面间可能发生的机械结合、物理吸附、化学键的形成、互相扩散等综合作用的结果。

二、胶接实现的条件

(一)胶黏剂能够充分浸润被胶接表面

胶黏剂应能与被胶接面紧密结合,胶黏剂能扩展到固体表面与被胶接材料充分接触,形成良好的润湿(浸润)是胶接的前提。

要实现润湿,胶黏剂应该有很好的流动性,并能充分浸润被胶接表面。当一液滴与固体表面接触后,液滴在接触面上能自动均匀铺展增大的过程即为浸润或润湿。通常用接触角 θ(或浸润角、润湿角)表示液体对固体的润湿程度。

接触角 θ 是通过固-液-气三相交点所作液滴曲面的切线与液滴侧固体平面的夹角,如图3-2(a)所示。从图3-2(b)可以看出,随着液滴在固体表面逐渐铺展开,其接触角逐渐变小,当完全铺展在固体表面时,接触角成为0°。显然,浸润性最好的是 $\theta=0°$,最差的是 $\theta=180°$(属于完全不浸润)。通常将 $\theta=90°$ 定为材料能否润湿的分界线。$\theta>90°$ 不能浸润,$\theta<90°$ 能浸润,接触角 θ 越小,浸润性越好。

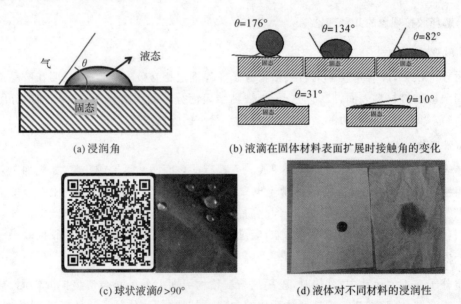

(a) 浸润角   (b) 液滴在固体材料表面扩展时接触角的变化

(c) 球状液滴 $\theta>90°$ (d) 液体对不同材料的浸润性

图3-2 浸润角及浸润性

同一种胶黏剂对不同材料的浸润性不同,为满足胶接要求,胶黏剂对材料的浸润角应小于90°。当某种胶黏剂对某材料的浸润角大于90°时,表示该胶黏剂不适合用于黏结这种材料。

胶黏剂在涂胶阶段具有较好的流动性才能使胶黏剂在被胶接件表面产生润湿,自动铺展到被黏结表面上。这就要求首先应选择对被胶接表面具有良好浸润效果的胶黏剂,同时也要求被胶接件表面在黏结前进行必要的清洁和表面处理,避免润湿不良的情况发生。

(二)必须形成足够的胶接力

胶接除了需要胶黏剂能够浸润胶接面之外,还要求胶黏剂在固化后形成足够的胶接力。胶接力包括内聚力和黏附力。内聚是单一物质内部各粒子靠主价力、次价力结合在一起的状态。胶的内聚力是胶黏剂分子间的吸引力,是胶自身的强度,如果胶的内聚力不足,受力时胶层内部就会发生破坏。黏附力是胶黏剂与被胶接件之间的作用力。

三、复合材料胶接破坏机理

(一)复合材料胶接接头组成

复合材料连接接头由被连接件和连接介质两部分组成。复合材料胶接接头就是两个被胶接材料用胶黏剂连接在一起的部位,胶层就是连接介质,因此胶接接头由 2 个被胶接件和胶层组成,如图 3-3 所示。胶层与被胶接件之间有一层界面层,如果胶与被胶接件的黏附力不够,受力时会沿着胶层与被胶接材料的界面发生破坏。

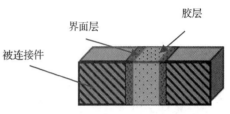

图 3-3　胶接接头组成

(二)复合材料胶接破坏机理

复合材料连接接头中被连接件或者连接介质任一部分出现破坏,都认为是整个连接发生破坏。破坏可能发生在被胶接件、胶层以及界面层处。

复合材料胶接破坏按照破坏机理分为黏附破坏、内聚破坏、混合破坏。图 3-4 所示为胶接破坏机理示意图。

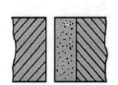
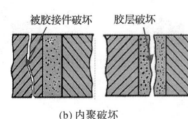

(a) 黏附破坏(界面破坏)　　　　　(b) 内聚破坏　　　　　(c) 混合破坏

图 3-4　胶接破坏机理

1.黏附破坏

胶层与被胶接件之间脱黏称为黏附破坏(界面破坏)。胶接破坏发生在胶层与被胶接件之间的界面处,如图 3-4(a)所示。界面破坏的原因主要在于黏结工艺过程中没有进行正确的操作,使得被黏结表面残留有油和水等,当然也有可能是胶与被胶接材料不匹配造成。界面破坏是一种低强度的破坏,属于黏结失败,应该避免。

2.内聚破坏

内聚破坏如图 3-4(b)所示。根据破坏发生的位置分为被胶接件的破坏和胶层破坏。

(1)被胶接件破坏:破坏发生在被胶接件,界面上的黏附力及胶的强度足够,载荷超过被胶接件的强度时发生。胶接接头被胶接板材充分发挥了承载作用,这是胶接设计所期望的破坏模式。

(2)胶层破坏(胶黏剂破坏):胶接破坏发生在胶层内部,通常载荷超过胶黏剂的强度时发生,胶的内聚力不够。这种情况表明被胶接件的强度大于胶层强度,虽然发挥了胶层的承载作用,但如果过分强调被胶接板的强度,使胶的强度相对过低,则会造成被胶接件材料不必要的浪费。

3.混合破坏

如图3-4(c)所示,黏附力与内聚力相当时则发生混合破坏,这种破坏情况一般比较多。

任务2 判断胶接受力及破坏形式

一、胶接基本受力形式

引起胶接破坏的外因有很多,比如使用过程中胶接接头的受力情况、使用温度湿度等环境介质的影响,其中最主要的是外力导致破坏。在不同的外力作用下,胶层能承受载荷的大小有所不同。所以应该了解胶接时哪些受力形式对接头强度影响比较大,才能有效避免设计时出现低强度的胶接接头。

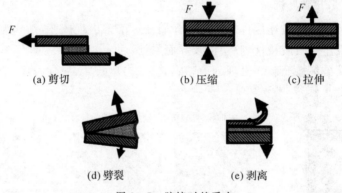

(a) 剪切 (b) 压缩 (c) 拉伸

(d) 劈裂 (e) 剥离

图3-5 胶接时的受力

图3-5(a)胶层受剪切时,剪切力与胶层平行,是黏结面比较理想的受力情况,胶层上的剪应力均匀分布在整个胶接面上,可以获得较大的黏结强度。这种受力形式接头最常用,黏结效果好,是胶接连接最好的受力形式。

图3-5(b)胶层受压缩时,外力大小相等并垂直指向胶层,胶接应力均匀分布在整个胶接面上,胶层受压缩,胶层不容易破坏,但此类型的接头应用比较少,有的资料将这个受力情况忽略掉。

图3-5(c)胶层受拉伸时,作用力大小相等方向相反,垂直作用于胶接面,应力分布均匀,当全部黏结面积承受应力时可以得到最大的黏结强度,但实际应用中很难保证外力全部垂直于黏结面,一旦外力方向偏斜,应力分布变得不均匀,就成为不均匀的扯离力,受力变成了图3-5(d)(e)所示的剥离以及劈裂。因此设计时通常也避免胶层受拉伸。

图3-5(d)为两个刚度差异不大的复合材料零件胶接部位,在不均匀的扯离力作用下,应力在整个胶接面上分配不均匀,应力集中于胶层的一侧,实际断裂从局部应力集中处开始,承载能力低,只有拉伸强度的1/10。

图3-5(e)为两种刚度差异较大的零件,受到不均匀扯离力时,外力与胶接面成一定角度,刚度小的零件首先发生变形,应力集中在胶缝边缘上,承载强度最低。

在这几种受力情况中,剪切和压缩是胶接接头最好的受力形式,此时胶接接头强度最高。按强度的大小,受力排序如下:剪切、不均匀扯离、剥离。设计时胶接应避免剥离和劈裂,使胶层在剪切状态下使用。

二、胶接基本破坏形式

胶接接头在面内拉伸载荷作用下,按胶接破坏发生的位置有被胶接件破坏、胶层破坏、界面破坏。其中,被胶接件破坏包括被胶接件拉伸断裂或拉弯破坏、被胶接件的剥离破坏,胶层破坏包括胶层剪切破坏及胶层剥离破坏。这几种基本破坏形式如图 3-6 所示。

图 3-6(a)所示为单搭接接头外侧的被胶接件拉伸(或拉弯)破坏;在两侧偏心载荷下,被胶接件被拉弯,继续增加载荷,被胶接件发生拉伸断裂破坏。

图 3-6(b)所示为被胶接件的剥离破坏,胶的强度及界面强度足够时,被胶接件剥离破坏通常发生在被胶接件上紧邻胶层的第一层和第二层。

图 3-6(c)所示为胶层剪切破坏;被胶接件的强度大于胶层,载荷超过胶的强度时,胶层剪切破坏。

图 3-6(d)为胶层劈裂(或剥离)破坏,破坏发生在胶层应力集中较大部位。

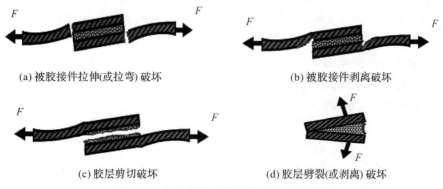

(a) 被胶接件拉伸(或拉弯)破坏　　　　　　(b) 被胶接件剥离破坏

(c) 胶层剪切破坏　　　　　　(d) 胶层劈裂(或剥离)破坏

图 3-6　复合材料胶接连接基本破坏形式

除这几种基本破坏形式外,还会发生这几种基本破坏形式的组合破坏。

胶接连接发生哪种破坏形式,主要与胶接连接形式、连接几何参数、邻近胶层的纤维方向及载荷性质有关。

在连接几何参数中,被胶接件厚度起着重要作用,常见有以下 3 种情况:

(1)当被胶接件很薄,接头强度足够时,被胶接件发生拉伸(或拉弯)破坏。

(2)当被胶接件较厚,但偏心力矩尚小时,易在胶层发生剪切破坏。

(3)当被胶接件比较厚,搭接长度不足时,在偏心力矩作用下,将在胶层或接头端部的胶接件层间发生剥离破坏。对于碳纤维复合材料层压板,由于层间强度相对较低,剥离破坏通常发生在层间(双搭接亦如此)。剥离破坏将使胶接连接的承载能力显著下降,应该力求避免。

由于胶接连接承受剪切载荷的能力较强,抗剥离能力差,因此胶接结构应设计成只承受剪切或压缩载荷,而要避免承受偏心拉伸、剥离和劈裂。所以在设计时,应根据最大载荷的作用方向,使所设计的胶接连接以胶层受剪切的方式传递最大载荷,而其他方向载荷较小,这样就不致引起较大的剥离应力;应尽可能避免胶层受到法向力以防止发生剥离破坏。

最佳的胶接接头是胶层只承受剪切应力,同时适当增大接头的搭接面积,以降低胶层剪切应力,提高接头的承载能力。

三、胶接剪切强度(黏结强度)计算

由于胶接力(黏结力)无法以破坏的形式测得,目前评价胶接体系性能优劣的主要指标是用胶接强度而不是胶接力。

胶接强度也称黏结强度,是指在外力作用下,胶接处发生破坏所需要的应力。胶接强度大小与黏结力、胶的性能、被胶接材料性质、胶接工艺等有关。

根据胶接接头受力情况不同,胶接强度可分为剪切、剥离强度、不均匀扯离强度、压缩强度、冲击强度等。剪切强度是胶接件破坏时,单位面积所能承受的剪切力。拉伸强度又称均匀扯离强度,正拉强度,是黏结受力破坏时,单位面积所承受的拉伸力。一般胶黏剂的拉伸强度都比剪切强度高,因此在静态力学性能中,胶黏剂最重要的性能是剪切强度和剥离强度。

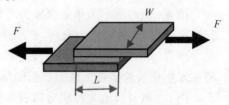

图 3-7　单搭接胶接接头参数

剪切强度也叫抗剪强度,是胶接件剪切破坏时,单位胶接面积所能承受的最大载荷,用 τ 表示,单位为 MPa。图 3-7 所示的单搭接胶接接头胶层剪切强度计算公式为

$$\tau = F/S = F/(L \times W)$$

F ——破坏时的载荷,N;

L ——胶接长度,mm;

W ——胶接宽度,mm;

S ——胶接面积,mm^2,即胶接面的搭接面积。

任务 3　掌握影响胶接强度的几种主要因素

影响复合材料胶接连接强度的主要因素包括胶黏剂(类型、性能、有效期)、胶接接头(连接接头形式及几何参数)、胶接表面状态(胶接面纤维方向、洁净度、粗糙度)、胶接工艺(固化时间、压力、温度)和其他(刚度匹配、热膨胀系数匹配、缺陷位置、使用环境等)。

一、胶黏剂类型及选择

胶黏剂最基本的作用是将两个被胶接件牢固地连接在一起。复合材料胶接强度取决于胶层与胶接件表面接触处界面的黏附强度和胶层内聚强度,因此胶接接头承载能力与胶黏剂密切相关。

(一)胶黏剂类型

胶黏剂种类很多,胶黏剂按用途可分为结构胶、非结构胶及特种胶黏剂。

结构胶是以承载为主的胶黏剂,常温下抗剪切强度一般大于 7 MPa。通常是热固性胶,常使用环氧树脂结构胶黏剂。非结构胶黏剂受力较小,常用来作为密封、定位等使用。特种胶黏剂适用于耐高温、超低温、导电、耐酸等特殊用途。

胶黏剂浸润被粘物表面后,必须成为固态才具有一定强度。液态胶黏剂转变为固态的过

程称为固化。

　　胶黏剂按照固化方式有 3 种:①溶剂挥发型的胶黏剂依靠溶剂挥发,液态胶液变为固态;②冷却冷凝型胶黏剂常温为固态,加热熔融,冷却后即可固化,常见有热塑性胶黏剂;③化学反应型的胶黏剂加入固化剂后,通过发生不可逆的化学反应获得固化,常见热固性胶黏剂。

　　胶黏剂按照外观形态还可分为液态、胶膜、膏状、腻子型。胶膜的厚度均匀,胶接后的胶层均匀性较好,胶接质量好,但价格较贵。使用时按照胶接件的使用温度及性能要求,根据不同胶黏剂的性能特点及其应用场合进行选择。

　　图 3-8 所示为 AB 双组分胶黏剂及胶枪。使用时将 AB 胶安装在胶枪上,安装混合胶嘴后,即可使用。

(a) 复合材料胶黏剂AB胶　　　(b) 胶枪及混合胶嘴　　　(c) 安装好胶管及混合胶嘴的胶枪

图 3-8　AB 双组分胶黏剂及胶枪

　　胶黏剂按成分可分为有机胶黏剂和无机胶黏剂两大类。胶黏剂通常和基体采用同一种材料体系,与基体树脂类似,胶黏剂主要有以下几类:环氧树脂、聚酰亚胺树脂、酚醛树脂、有机硅树脂、聚酯树脂等,如图3-9所示。

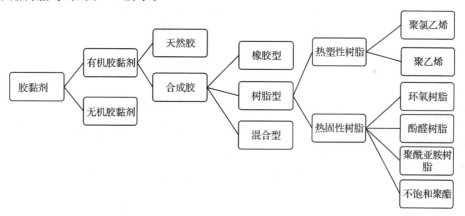

图 3-9　胶黏剂分类

　　(1)环氧树脂胶黏剂由于吸湿率低、黏附力强、工艺性能好,固化收缩性小,化学稳定性好,力学强度高,是航空结构中较常用的胶黏剂。其供应方式通常是树脂和固化剂分别包装,使用时再将它们混合,通常加热固化,有的也可在室温 20℃ 下固化。利用固化剂加催化剂,不仅可以使胶接结构在高温应用时具有较高的强度,而且可以使胶黏剂在较低温度、较短时间内固化,例如在 145℃ 和 0.7 MPa 的压力下 20 min 内即可固化。缺点是硬度一般,热强度低,耐磨性差。其使用温度为 100～130℃。

　　(2)聚酰亚胺树脂胶黏剂在大约为 250～400℃ 固化,并要求后固化,以便得到最大强度特性。其最高使用温度约在 290～400℃ 之间。其优点是耐热、耐水、耐火、耐腐蚀,但需要高温固化成本高,具有腐蚀性,多孔性。

(3)酚醛树脂:常用其他树脂组成混合树脂胶黏剂。其热强度高,耐酸,价低,但需要高温高压固化,有腐蚀性,收缩率大,常温使用,最高使用温度可达150℃。

(4)有机硅树脂具有耐热、耐寒、耐火、耐腐蚀、耐辐射、绝缘性好等特性,但强度相当低,使用温度可以达到400℃。因此,将这种树脂与其他树脂混合以得到高温稳定性和高的机械强度。如环氧有机硅胶黏剂最高的连续使用温度可以达到340℃,间断使用可到510℃。

(5)聚酯树脂:机械和电气特性好,价格低,耐沸水,耐热、耐酸、耐环境强度不高,仅用于次要构件,使用温度为70～100℃。

(二)胶黏剂的选择

胶黏剂的选择主要由复合材料构件要求的力学性能和工作条件要求确定。

1.根据黏结用途和使用场合选

所选的树脂首先应满足结构件的力学性能及使用温度要求。胶黏剂要有较好的综合力学性能,满足设计规定的强度和韧性要求,确保使用性能,应满足被胶接零件所承受的负荷和形式,受力大小。胶黏剂的使用温度应符合胶接件的应用温度范围。其次还应满足构件其他工作条件,如工作介质对胶接性能的要求。

2.根据被胶接材料选择

复合材料基体树脂与配套使用的胶黏剂应相容,与增强纤维的浸润性好、黏附强度大,热膨胀系数与被胶接件材料接近,以保证黏附强度,提高构件胶接性能,胶黏剂的使用温度应与胶接件的最高使用温度相适应,若制件有某些特殊要求,如电导率、热导率、导磁、超高温、超低温等,则必须选择具有这些性能的胶黏剂。使用温度大于150℃或在−70℃以下,须选耐高温或耐超低温的胶黏剂。不同材料胶接时适合的胶黏剂类型见表3−1。

表3−1 不同材料胶接时适宜的胶黏剂

	金属和合金	聚酰胺树脂	有机硅树脂	陶瓷和玻璃	聚四氟乙烯	聚酰亚胺树脂	酚醛树脂	环氧树脂
金属和合金	E/T	E	S					
聚酰胺树脂	E	P	—	—				
有机硅树脂	S	—	S					
陶瓷和玻璃	E							
聚四氟乙烯	E/T	—	—	—	E/T		—	
聚酰亚胺树脂	E	—	S	—		E		
酚醛树脂	E	—	—	E	—		E	
环氧树脂	E	—	—	—	E/T	—	E/T	E/T

注:E:环氧树脂 ,P:聚酰胺,S:有机硅树脂,T:聚硫橡胶,空格表示很难胶接无合适胶黏剂

3.满足胶接工艺的要求

工艺性好要便于操作,固化时间不宜过短或过长,固化工艺条件简单、使用方便,固化收缩小,工装设备简单。

4.其他要求

要求胶黏剂无毒,不应对被粘材料有腐蚀性,易储存、价格适当,胶黏剂来源有保障,颜色

符合要求,并在有效期内使用。

二、胶接接头(连接形式及接头尺寸选择)

(一)接头连接形式的选择

选择不同的胶接连接形式,结构件的连接强度会有所不同。根据被连接件的相对位置,胶接连接可以分为平面型构型及正交型构型的连接形式。

1.平面构型

平面型构型是两个被连接件主表面平行或在同一个平面上,多用于板类构件之间的连接,构件受面内拉伸载荷为主。通常可采用图 3－10 所示平面构型的胶接接头形式。图 3－10(a)～(h)所示的连接形式比较常见。

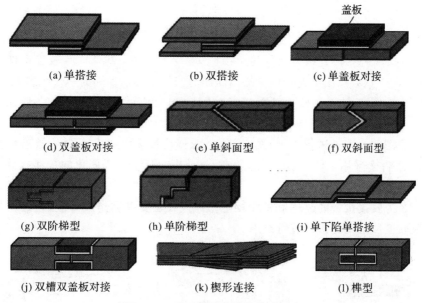

图 3－10　平面构型的胶接接头形式

搭接是两个被胶接件部分叠合黏结在一起的形式,黏结面积大承载能力强,搭接面胶层承受的是剪切力,应力分布比较均匀。图 3－10(a)(b)为单搭接和双搭接。

对接是两个被黏结件的端面相互贴合黏结的形式,由于胶接面积过小,承载能力低,实际设计时需在两个被连接件上额外加盖板进行连接。图 3－10(c)(d)所示为单盖板对接和双盖板对接。

斜接是将两个被胶接件的端部制成一定角度的斜面涂胶后进行对接的方式,也可认为是斜面搭接,斜接承受的是剪切力,应力分布均匀,因此纵横向的承载能力都很强,但斜接角不大于 45°,斜接的长度不小于被胶接材料的 5 倍。

2.正交构型

正交构型的连接是两个被连接件相互垂直或成一定角度,主要用于板类构件与梁、肋等的连接。正交构型的胶接接头形式如图 3－11 所示。

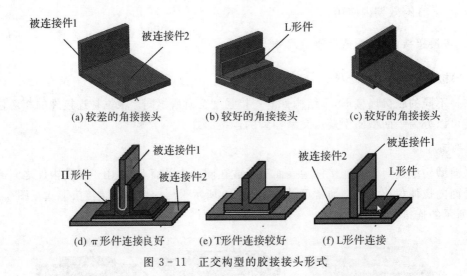

(a) 较差的角接接头　　　　　(b) 较好的角接接头　　　　　(c) 较好的角接接头

(d) π形件连接良好　　　　(e) T形件连接较好　　　　(f) L形件连接

图 3-11　正交构型的胶接接头形式

图 3-11(a)～(c)的连接方式称为角接接头,被连接件 1 的端面与被连接件 2 端部的主平面连接,图 3-11(a)仅用被连接件 1 的端面作为胶接面不仅黏结面积过小强度差,而且胶层主要受面外的拉伸载荷,受力较差。图 3-11(b)(c)增加 L 形连接件,增加了胶接面积也使胶层受剪切。图 3-11(d)～(f)均为 T 形接头,被连接件 1 的端面与被连接件 2 中部的主平面连接,采用(d)图的 π 形件进行连接,强度最好。π 连接接头由被连接件 1、被连接件 2 和 π 形元件组成,π 形件多采用一体式纺织预成型件,连接时由两个已经固化的被连接件 1、2 与未固化的 π 形件间贴胶膜一起固化。

图 3-12 为胶接接头的改进形式,图示受力时,胶层受到剥离或劈裂,通过增加胶接面积刚性加强及改变胶层受力形式进行改进。

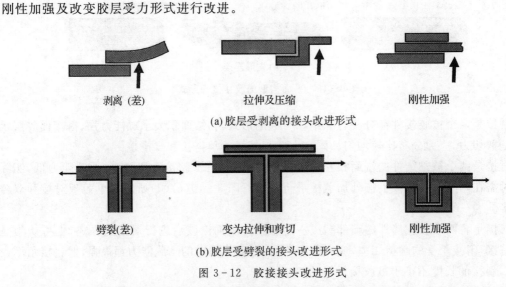

剥离 (差)　　　　　　拉伸及压缩　　　　　　刚性加强

(a) 胶层受剥离的接头改进形式

劈裂(差)　　　　变为拉伸和剪切　　　　刚性加强

(b) 胶层受劈裂的接头改进形式

图 3-12　胶接接头改进形式

图 3-13 所示为几种常见的平面型搭接胶接接头形式与接头强度的关系示意图。图中可见单搭接接头的强度最低,楔形和阶梯形搭接强度较高。

(1)当被胶接件比较薄(<1.8 mm)时,宜采用简单的单搭接。但是单搭接时由于载荷偏心产生的附加弯矩,胶接连接两端出现较高的剥离应力,使得连接强度降低,胶接件厚度越大,

附加弯矩也越大,因此需要增大搭接长度与厚度之比以减轻偏心效应,常取 $l/t = 50 \sim 100$。一般双搭接接头强度比单搭接高 15%~20%,胶接接头设计时,为减少由于偏心和不对称在结构中产生的剥离应力,可采用双搭接形式。

(2)对中等厚度的连接板 (4 mm 左右, $l/t \approx 30$),采用双搭接或者双面盖板对接比较适宜。

(3)当被胶接件很厚(>6 mm)时,由于偏心载荷所产生的偏心力矩加大,宜采用阶梯形搭接或斜面搭接。阶梯型搭接每层厚度差在 1 mm 以下,通过增加台阶数,可使每一阶梯胶层接近纯剪状态,可获得较高连接效率,因而可避免剥离破坏,传递较大的载荷。斜面搭接斜角一般小于 5°,使得工艺上较难实现,应用较少,目前斜面搭接常用于薄板的修理。采用阶梯型和斜面搭接是降低剥离应力的有效措施,或者可采用胶铆(胶螺)混合连接来显著提高接头强度。

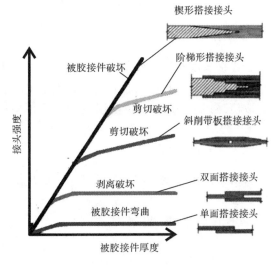

图 3-13　胶接连接形式与强度之间的关系

除了复合材料板类构件胶接连接之外,复合材料管之间也会存在连接,图 3-14 所示为常见的圆管与圆管之间的黏结形式。图 3-14(a)是被胶接管插入另一个管内形成销孔或套环的结构。图 3-13(b)与(d)需要额外增加套管,图 3-13(c)图适合于胶接管壁厚较大的场合。

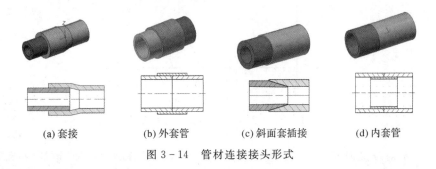

(a)套接　　　　(b)外套管　　　　(c)斜面套插接　　　　(d)内套管

图 3-14　管材连接接头形式

(二)胶接连接接头几何参数选择

胶接接头几何参数主要是搭接长度 l,胶接件厚度 t,胶层厚度 h。常见胶接接头几何参数如图 3-15 所示。

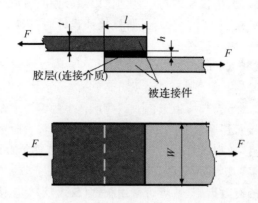

图 3-15 常见胶接接头几何参数

1.搭接长度 l 及胶接件厚度 t

胶接连接搭接长度(或者搭接长度与胶接件厚度的比值 l/t)是胶接接头设计中最重要的接头几何参数,尤其对于单搭接更重要。板材搭接长度和盖板搭接的盖板宽度按结构给定,但应大于胶接件厚度的 4 倍,取值>15 倍为宜。航空领域推荐值:单搭接要求 $l/t = 50\sim100$;双搭接 $l/t = 30$ 。

2.胶层厚度 h

试验表明,胶层中剪应力沿着搭接长度方向分布不均匀,主要集中在两端,这也是胶层两侧部位容易遭到破坏的原因。

图 3-16 所示为胶层不同厚度的剪切强度值。

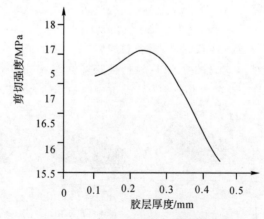

图 3-16 胶层不同厚度的剪切强度值

胶层厚度 h 对胶接强度有一定影响,理论上胶层越厚,承载能力越强,增加胶层厚度可以减少应力集中,但厚度过大的胶层容易产生气泡,往往增加缺陷,质量难以控制,反而会降低承载能力。胶层太薄则要求被胶接件的贴合度高。

一般胶层厚度为 0.10~0.25 mm。

三、胶接表面状况（纤维方向、洁净度、表面粗糙度）

（一）胶接面纤维取向

复合材料层压板待胶接表面纤维方向最好与载荷方向一致，或者与载荷方向成 $45°$ 角；不得与载荷方向垂直，以免被胶接件过早产生层间剥离破坏。与胶层直接接触的表面就是待胶接表面，胶接面上的纤维方向与载荷方向一致的称为 $0°$。图 3-17 所示两个层合板单搭接，(a)的层合板 1 与层合板 2 单搭接两个待胶接表面的纤维方向均为 $0°$，用 $0°-0°$ 表示。如果将层合板 1 放在层合板 2 的下方进行搭接，则两个待胶接的纤维方向为 $90°-90°$。

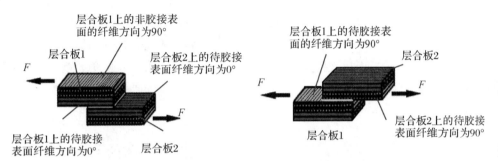

（a）两个待胶接表面纤维方向均为 $0°$　　　（b）两个待胶接表面纤维方向均为 $90°$

图 3-17　待胶接表面纤维方向

有文献对胶接面不同纤维方向的层合板单搭接胶接进行剪切强度测试，胶接面纤维方向见表 3-2，表中可见两个待胶接表层的纤维方向均为 $0°$ 时，其胶接剪切强度最高，两个胶接面都是 $90°$ 时剪切强度最低，织物由两个方向的纤维组成，因此强度比胶接面上有 $90°$ 的好。

表 3-2　两个胶接面的纤维方向与剪切强度对比

	胶接面 1 的纤维方向——胶接面 2 的纤维方向				
	$0°-0°$	$0°-90°$	$90°-90°$	织物-织物	$45°-45°$
剪切强度/MPa	19.9	11.1	7.3	16.2	15.8

（二）洁净程度

胶接面不同污染物的胶接强度，如图 3-18 所示。无污染时胶接强度最高。

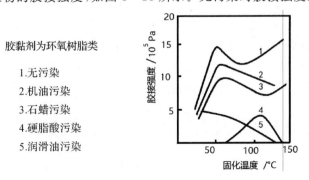

胶黏剂为环氧树脂类

1. 无污染
2. 机油污染
3. 石蜡污染
4. 硬脂酸污染
5. 润滑油污染

图 3-18　胶接面不同污染物的胶接强度

胶接工艺过程中如果操作不正确,使被胶接表面沾染上油、石蜡等污染物时,胶接会发生黏附破坏,不同的污染物对胶接强度的影响不同,胶接面上有润滑油污染时,胶接强度最差。因此胶接时必须对被胶接表面进行清洗去除杂质、油污等,保证胶接表面的洁净,干燥后进行胶接。

(三)被胶接件表面粗糙度

被胶接件表面的表面粗糙度对胶接强度也有较大影响。被胶件真正光滑的表面是不存在的,微观看都有不同程度的凹凸,如果用胶黏剂把两个胶接接触面的间隙填满,就可以提供胶黏剂与两固体表面的黏附力,使两者表面完全连在一起。从胶接机理上看,真正光滑的固体表面并不理想,也需要一定的粗糙度:①可以增大胶接面积;②胶接表面与胶黏剂之间发生机械咬合作用。复合材料制品粗糙表面上胶层固化后形成的胶钉,如图 3-19(a)所示。但是表面如果有十分明显的凹凸不平现象,也会影响胶接效果:①在凹处会由于积有水分、空气而产生气泡;②在凸处会由于缺胶而出现胶层不连续点,这两者都将导致胶接强度下降。胶接表面的表面粗糙度与胶接强度的关系如图 3-19(b)所示。从图上看,表面粗糙度为 $Ra0.8\sim3.2~\mu m$ 比较好,最佳值为 $Ra1.6~\mu m$ 左右。

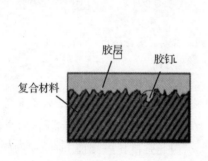

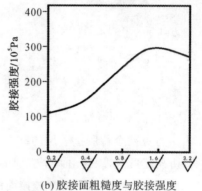

(a)复合材料制品粗糙表面上固化后的胶层　　　　(b)胶接面粗糙度与胶接强度

图 3-19　胶接面粗糙度与胶接强度

对胶接表面进行粗化的简单、成本低的常用方法就是用砂纸打磨胶接面,砂纸型号推荐值为:气动打磨砂纸型号 $100\sim180\sharp$;手动打磨砂纸型号 $150\sim240\sharp$。

(四)固化工艺

固化工艺对胶接强度有着显著影响。和基体树脂相同,胶黏剂只有完全固化才能获得最大的胶接强度,固化工艺参数主要包括压力、温度和时间。胶黏剂在固化前应向黏结面施加持续均匀的压紧力,不仅可以提高胶黏剂的流动性,保证胶液在材料表面能够润湿、渗透和扩散,同时保证胶层与被黏结面的紧密接触,防止气孔空洞,使胶层厚度均匀。但压紧力不能过大,否则胶液容易流失,从胶接面贴合后开始施加压力,压紧时间从胶黏剂开始固化起,直到胶黏剂完全固化后才能卸除压紧力。固化温度由胶黏剂的施工要求决定,超出施工要求的固化温度将使胶黏剂失效。

(五)其他

1.被胶接件的相对刚度和厚度

被胶接件刚度不相等对所有几何形式的连接都有不利影响。以单搭接为例,如果刚度相等,则连接两端的弯矩一样,两个被胶接件变形量相同;如果刚度不等,则连接两端的弯矩不等,变形主要集中在刚度较弱的被胶接件一端。应尽量使被胶接件的刚度近似相等。例如,对于两个被胶接件,拉伸模量分别为 55 GPa 与 110 GPa,复合材料两个被胶接件的最大厚度的比值应是 110/55＝2.0。

2.温度和湿度

温度和湿度对复合材料构件性能有较大影响,是设计中必须考虑的两个环境变量。

复合材料构件从周围环境中吸收的湿气靠毛细管作用传到胶层树脂中,将逐渐引起树脂的组织软化,使它们膨胀,并降低它们的玻璃化转变温度。

如果胶黏剂在其工作温度范围内使用,温度影响不大。如果温度与湿度共同作用,高温将增加湿气的吸收和扩散能力,影响就极为严重。研究发现,温度、湿度联合作用比仅有温度作用时的挤压强度多下降10%。而且应特别注意:在寒冷环境下通常胶层呈现脆性,连接强度将发生退化。

避免温度、湿度有害影响的有效措施有以下几点:

(1)用密封胶将胶层密封起来,是工程上行之有效的防湿措施。

(2)精确地给定胶接接头所承受的最恶劣的环境条件。

(3)精确地给定使用温度范围。

(4)考虑上述两点,选择最合适的胶黏剂。

3.热膨胀系数匹配

如果两个被胶接件的热膨胀系数相差太大,例如碳纤维/环氧复合材料的热膨胀系数低,与铝合金胶接比,其他材料的组合将产生较大的热应力。

4.关键区域胶接缺陷的影响

胶接连接常见的缺陷类型包括脱胶、裂缝、空隙、胶层厚度不均、固化不完全和表面制备缺陷等,其中主要是脱胶、裂缝和表面制备缺陷。任何胶接缺陷都将导致载荷在整个胶层上的重新分布而使胶层不连续处应力增加。随缺陷尺寸增大,应力显著增加,强度下降。当脱胶或裂纹尺寸相对胶层长度来说比较小时,应力增加得并不明显。不同部位所允许的缺陷尺寸与所在区域的关键程度有关。胶接连接的质量控制区域划分如图 3－20 所示,区域 1 为关键区,一般是胶接边缘处,区域 2 为非关键区,关键区的缺陷控制更为严格。

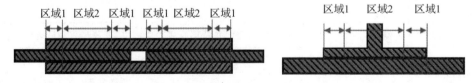

图 3－20　胶接连接质量控制区域划分

任务 4　熟悉胶接工艺流程

一、胶接工艺流程

胶接工艺包括前期准备、胶接工序及胶接件后续工序三大步骤。前期准备工作包括场地准备、工装夹具量具模具准备、被胶接件及胶黏剂及胶膜的准备。胶接工艺流程如图 3-21 所示。

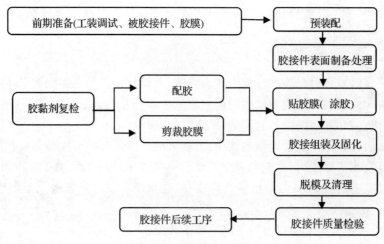

图 3-21　胶接工艺流程图

复合材料的胶接工序包括前期准备工序胶接工序及后续工序见表 3-3。

表 3-3　复合材料胶接工序

	工序流程	工作内容
一、前期准备工序	1.工装模具准备	(1)工装调整:在定位块及操作平台上打定位销钉,以保证工装的可重复拆装精度。检查模具型面、外形线定位基准线待胶接零件相互位置线是否正确; (2)正式胶接装配前,用丙酮清洗胶接定位工装后晾干; (3)模具涂 3~5 遍脱模剂,每遍间隔 10~15 min,晾干
	2.待胶接件准备	(1)参与胶接的复合材料制件的制备可以采用共固化或二次胶接件; (2)待胶接件外形尺寸超差严重的应更换; (3)参与胶接的蜂窝芯的制备:蜂窝芯下料、拼接及机械加工
	3.胶黏剂准备	(1)检查胶黏剂型号及有效期、做好配制准备; (2)检查胶膜,解冻并下料
二、胶接工序	4.预装配	对参与胶接的零件进行组合装配,调整胶接配合间隙,必要时进行修整,做好定位标记
	5.胶接表面制备	砂纸打磨待胶接表面并清理胶接表面污染,使胶接表面适合胶接
	6.胶黏剂涂敷	喷底胶、贴胶膜或刮涂糊状胶,胶层厚度应不大于 0.3 mm
	7.组装、封装	对胶接构件,根据预先设计的装配顺序进行装配;利用胶接工装进行定位,擦拭溢胶;注胶完成后,压板将接头处压紧固定,进入固化阶段
	8.固化	按胶黏剂或胶膜给定的固化参数进行固化
	9.脱模、清理	对完成固化后的胶接件进行表面清理
	10.质量检测	对构件胶接质量及内在质量进行无损检测
三、后续工序	11.加工及机械连接	对胶接件外形进行补充加工,并与其他零件连接,制成完整的产品构件

主要胶接工序包括预装配、胶接表面制备、涂胶(贴胶膜)、胶接组装、固化、脱模清理、胶接件质检工作。

二、预装配

预装配是在正式胶接装配之前,为保证胶接质量,对参与胶接的零件不用胶黏剂进行的模拟组合装配,是复合材料胶接时比较关键的一道工序,其目的在于检查参与胶接的各零件之间的相互配合情况、零件与模具的贴合质量,协调装配间隙并进行必要的修整,以保证胶接质量及胶接装配后的结构形状要求。复合材料胶接预装配工作内容见表 3-4。

表 3-4　复合材料胶接预装配工作内容

工序流程	工作内容	注意事项
1.检查模具	检查胶接固化模具的合格证及质量(型面尺寸、表面质量及密封性)等	(1)应严格防止零件划伤及蜂窝芯变形;
2.检查被胶接件	按工单检查胶接零件及合格证、去除零件保护纸、称重	(2)用校验模检查配合质量时,模拟固化分解后,按校验模上的印痕图形对零件进行修配;
3.预装	在固化模具上按图样及工艺卡片依次模拟装配组合各零件(放置代替胶膜厚度的垫片以查看配合间隙)	(3)模拟实际胶接面配合间隙,胶层厚度为 0.1~0.25 mm 时胶接强度达到最佳状态,不能强制复合材料件发生变形来适应装配;
4.检查配合情况	(1)检查零件与模具间贴合度; (2)零件间的配合间隙; (3)检查胶接厚度; (4)当零件结构关系复杂或对胶接质量要求高时,采用校验模及模拟固化工艺来检查零件配合及贴膜质量	(4)零件修配后应符合图样及技术条件要求,否则应提交设计部门批准; (5)零件预装符合要求后,应作出定位标记或定位孔以保证最后胶接的正确装配定位
5.进行必要的修整	按检查结果修配零件,使之符合胶接配合间隙要求,合格后做出定位标记	
6.分解零件	分解零件,进入下一个胶接表面处理工序	

(1)对胶接装配模具的检查。预装配一般在胶接装配模具上进行,也可以在部件装配型架内进行。在胶接装配模具上预装,工件开敞,操作方便,但由于受到基准线转换的影响,零件相互位置精度要差一些。在部件装配型架内预装,有利于保证协调精度,因为预装时的定位基准与部件的装配基准是完全一致的,但使用不够方便。用于胶接装配的模具,一般多用固化模(即胶接装配与固化共用同一模具)。模具的型面必须保证准确无缺陷。在模具的工作面上应刻有外形线、待胶接零件的相互位置线和保证零件定位用的其他定位基准线。通常会适当配置一些定位挡块、挡销或其他形式的定位件,以保证胶接后构件的外形和零件的相互位置均能满足设计要求。为适应固化要求,模具应保证密封。整个模具应有分布均匀合理且数量足够的抽真空接嘴和热电偶插孔,在模具工作面上应留有足够的边距,以便安放工艺框和铺放真空

袋密封胶条。

(2)检查被胶接件。进行胶接的零件有板件(包括平板和曲板)、各种型材、蜂窝夹芯和加强用的整体构件。对这些胶接件,除刚度不匹配及双曲度零件不宜胶接外,只要外形容差和表面状态这两方面符合要求即可进行胶接。这里所说的外形容差是指待胶接零件的相互配合间隙,它直接影响产品的胶接质量。在预装配过程中发现的零件几何尺寸及配合间隙等问题,必须在表面制备前排除。由于复合材料制件不像金属零件那样易于校形,因此,对那些超差严重的零件应该更换。

对于待胶零件表面状态的要求,系指零件表面不得被含硅脱模剂等所污染,在压制过程中不得采用含硅脱模剂,表面无划伤、碰伤等。另外,零件在压制过程中不宜采用可剥布,在机械加工过程中不允许被油污污染。为了适应胶接要求,待胶接零件的表面铺层不应是 90°方向,否则会使胶接强度下降。

(3)预装。在固化模具上按图样及工艺卡片依次模拟装配组合各零件,当零件结构关系复杂或对胶接质量要求高时,采用校验模及模拟固化工艺来检查零件配合及贴膜质量,放置代替胶膜厚度的垫片来检测零件间的装配间隙,类似于齿轮啮合间隙的检查通常用压铅丝的方法。

(4)检查配合情况。包括检查零件与模具间的贴合度、零件间的配合间隙,检查胶接厚度、零件间的配合间隙,检查胶接厚度。零件间的装配间隙参考值如下:金属与金属面之间间隙为 0.15～0.25 mm,一般为 0.2 mm;蒙皮与蜂窝芯间隙为 0.1 mm;蜂窝芯比相邻的金属件高出 0.05～0.2 mm。对于那些配合间隙偏大的零件,经设计部门同意,可以适当增加胶层厚度或加补偿垫片而不更换零件。若构件边缘零件配合若间隙过大,如大于 0.5 mm,可用预浸料叠层进行填充。

零件间的装配间隙应均匀无毛刺,胶接面应贴合。胶接厚度应当薄而均匀,0.1～0.25 mm。

上述间隙情况在预装过程中均需作出明显的标记,以作为修配和胶接装配的依据。

(5)分解修整、预装合格后做定位标记。按检查结果,分解零件,按预装配的印记进行修配,修配后应符合图纸胶接等配合间隙要求;经过多次分解预装,待零件预装配最终符合要求合格后,作出定位标记。

三、胶接表面制备

1.胶接表面制备及作用

胶接表面状态直接关系产品的胶接质量,凸凹不平、油污、灰尘、水分等都会影响胶接效果,关系到胶结件结构强度,必须严格控制胶接工艺过程和生产环境,对胶接件进行适当的表面处理。

由于复合材料胶接可能是两个复合材料制品之间进行胶接,也可能是复合材料制品与金属材料之间的胶接,因此胶接表面的处理方法应根据被连接材料、胶黏剂及环境等综合因素进行选择。不同材料表面处理方法不同,以此获得不同的效果,但胶接面都要求表面洁净无污染、无油、无水分、无粉尘,表面可被胶黏剂良好润湿,黏结面的配合良好,并且还要有适当的表面粗糙度。

胶接表面处理方法包括溶剂清洗、机械处理和化学处理等 3 种。

(1)溶剂清洗法是采用干净的无绒布沾湿丙酮等有机溶液对零件待胶接表面进行擦洗。

(2)机械处理法主要是用砂纸打磨或喷砂的方式对胶接表面进行粗糙化,从而提高胶接强度。一般采用100～320目的砂纸对胶接区域进行打磨,然后除去粉尘。由于砂纸打磨方法没有带入额外的水和化学污染的风险,并且无需特殊设备容易操作,常用于复合材料胶接表面。机械处理方法不仅适合于复合材料、非金属材料,也适合对胶接强度要求不高的金属材料的胶接表面。

(3)化学处理法主要用于金属材料,是采用化学方法对金属被粘件进行表面处理,主要是除锈,并通过处理生成有利于胶接的特殊致密薄膜。

2.复合材料表面处理方法

复合材料和非金属被粘件的表面处理主要是除去其表面的油污、尘埃、水分,改变表面粗糙度等。复合材料胶接表面常用处理方法见表 3-5。

表 3-5　复合材料胶接表面常用处理工艺方法

处理方法	复合材料表面处理工艺	备 注
1. 有机溶剂清洗	干净的无绒布沾湿丙酮清洗,溶剂不得在表面流淌,在溶剂挥发前擦干	处理后都要用去离子水进行水膜试验(芳纶纤维复合材料除外)。方法为:用喷雾器将去离子水喷在已处理表面,合格的表面应能支撑一层完整连续的水膜达到30 s,若表面合格,用干净无绒布擦去水分,在 71～82℃下强制干燥 1h。若水膜试验不能通过则需重新用有机溶剂清洗
2. 喷砂清理	采用常规喷砂方法将表面打成适度粗糙,再用有机溶剂清洗,可获得好的胶接性	
3. 砂纸打磨	①手工打磨法用 240 号碳化硅砂纸湿磨,或用 150 号氧化铝砂纸干磨。沿纤维方向打磨,以免折断纤维,表面粗糙度控制在 $Ra0.8\sim3~\mu m$;若气动工具,用 100～180 号的砂纸打磨。 ②打磨后用毛刷刷去表面粉尘,用丙酮脱脂除尘后晾干,清洁无绒棉布沾湿丙酮清洁 2～3 遍,并在溶剂挥发前擦干至无粉尘后,晾干 15 min。也不允许大剂量涂抹或浸泡复合材料(溶剂不得在零件表面流淌)	
4. 可剥层法	采用尼龙编织布或聚四氟乙烯包覆的玻璃布作剥离层,在复合材料件成型时,将其附着在零件待胶接表面上一起固化,在即将胶接前将剥离层撕掉,以此获得洁净、活化的胶接表面	由于该表面可能有少量剥离层残留,大多需要配合砂纸打磨

3.铝合金表面处理方法

铝合金产品要求低时,可以采用机械打磨的方式进行处理。若要获得较大的胶接强度,首选磷酸阳极化。采用磷酸溶液对胶接表面进行阳极氧化,生成一层致密的利于胶接的新氧化膜。铝合金磷酸阳极化处理包括一系列工艺流程:气相除油→碱清洗→漂洗→除锈→漂洗→磷酸阳极化→漂洗→烘干。

飞机结构修理时,采用非槽式磷酸阳极化处理铝合金胶接表面(见图 3-22),步骤如下:

(1)配置 12%的磷酸,视需要加入微球,使其变为不流动的糊状。

(2)在待处理的铝合金表面刷一层糊状磷酸,并用一层脱脂棉纱布盖住,在脱脂棉布上刷一层酸液确保棉布完全浸透,直至第三层。

(3)在第三层脱脂棉布上放置不锈钢网,确保不锈钢网不会碰到铝合金表面。

(4)电源负线接到不锈钢网,不锈钢网上刷磷酸,电源正极接到铝合金零件。

(5)施加电压 9.5~10 V,电流密度为 0.014~0.048 A/in²。

(6)保持 10~12 min,关掉移除电源,移除零件。

(7)阳极化结束后 2.5 min 以内用去离子水清洗表面 5 min,空气干燥 30 min,或烘干。

(8)效果检查:自然光照射下表面颜色出现绿色、紫色或黄色间变化。

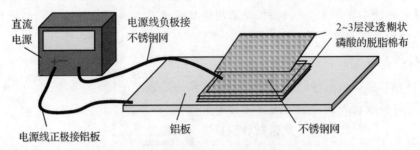

图 3-22 铝合金胶接面的磷酸阳极化

根据某铝合金与碳纤维复合材料单搭接胶接的实验数据,胶接表面采用不同处理工艺,拉伸实验测得的胶接剪切强度见表 3-6。从表中可以看出,铝合金胶接表面经过磷酸阳极化后,胶接剪切强度比胶接表面未做处理的高,铝合金胶接面未做处理时,胶接强度最低。

表 3-6 铝合金与碳纤维复合材料单搭接胶接表面不同处理工艺下拉伸时的剪切强度

单搭接试验件胶接表面处理方式	搭接面积/mm	极限载荷/N	胶接剪切强度/MPa
铝合金未作处理,碳纤维砂纸打磨	322.03	3 276	10.17
铝合金砂纸打磨,碳纤维砂纸打磨	319.20	5 438	17.04
铝合金磷酸阳极化处理,碳纤维砂纸打磨	321.30	7 982	24.84

砂纸打磨可以借助一些手动或气动打磨工具进行,图 3-23 所示为手动及气动打磨工具。

(a)手动砂纸打磨工具

(b)金刚石打磨块   (c)金刚石锉刀   (d)打磨过程需气动吸尘

图 3-23 手动及气动打磨工具

(e) 气动打磨工具　　　(f) 气动抛光机　　　(g) 更换植绒砂纸

续图 3-23　手动及气动打磨工具

四、涂胶、贴胶膜

胶接主要装配操作分两步进行:①在待胶接表面上涂胶或粘贴胶膜;②进行胶接装配。

(1)贴胶膜。胶膜一般应贴在待胶接面上,夹层结构胶接时,胶膜不应贴在夹芯层上,而是贴在蒙皮上。贴胶膜的方法与预浸料类似,注意以下事项:

1)裁剪胶膜应使待胶接面上所贴的胶膜比胶接区大 1~2 mm,胶接部位应无肉眼可见的杂质。

2)涂底胶和贴胶膜过程中应尽量避免出现气泡,对已出现的气泡应刺破。

3)胶膜需要拼接时应尽量采用对接,对接的间隙不得大于 0.5 mm。

4)研究表明,胶含量过多、胶层过厚反而降低胶接强度,胶含量过少导致缺胶将使强度降低,因此胶层厚度不宜过薄也不宜过厚,一般需控制在 0.1~0.25 mm 范围。

5)胶层厚度直接测量较困难,一般通过监测胶黏剂的质量来推算胶层的平均厚度 h,则有

$$h = m/(\rho S)$$

式中:h—— 胶层平均厚度;

m—— 胶黏剂质量;

ρ—— 胶黏剂密度;

s—— 胶接面积。

(2)涂调制的胶黏剂。采用自行调制的混合胶液时,按胶液规定比例调制,调胶过程中应确保混合胶液无肉眼可见杂质,不应在打磨区附近调胶。调完胶后应在规定时间内涂完。胶黏剂均匀涂覆在待胶接区域,两个被胶接面均要涂胶,非胶接区可以做适当的保护。

厚胶层黏结时,涂 2 遍胶,第 1 遍为薄涂,第 2 遍为厚涂;薄胶层黏结时只需薄涂 1 遍。涂完胶的工件可马上叠合,定位后加压进行固化,并擦去多余的胶液。

(3)涂胶管装的 AB 胶黏剂。采用胶管装胶黏剂时,先取下胶管顶部密封盖,将混合头安装在胶筒上拧紧,将胶管安装在胶枪中,捏动胶枪对胶管尾部活塞施加压力,使胶的 A,B 两种组分在混合头中均匀混合,将胶挤出。胶管中最初挤出的胶液可能有混合比例不准的情况,故胶管在初次使用时应匀速挤出 30 cm 左右的胶扔掉不用。

胶枪使用演示链接

胶枪使用方法如图 3-24 所示。图 3-24(a)在胶枪上安装黑色推杆,图 3-24(b)安装 AB 胶管,图 3-24(c)为混合胶嘴安装。

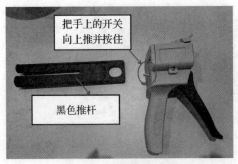
(a)安装黑色推杆

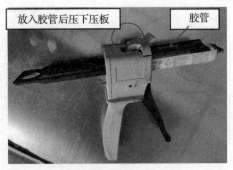
(b)安装胶管

(c)安装混合胶管

图 3-24 胶枪使用方法

1)按住胶枪把手上的开关,将黑色推杆有齿面朝下插入黑色推杆,放置最左端极限位置。

2)将胶管安装入胶枪中,压下压板,注意胶管尾部活塞与推杆大小适应。

3)旋转取下胶管顶部的密封盖,将混合胶嘴安装在胶管上,旋紧。

4)捏动胶枪,对胶管尾部活塞施加压力,使 AB 胶的两种组分在混合胶嘴中均匀混合,然后缓慢将胶挤出。最初挤出的胶液可能比例不准,因此在初次使用胶管时,应扔掉胶管中匀速挤出的 30 cm 左右的胶废弃不用。

5)A,B 组分胶液在混合头中充分混合,黏度会随放置时间延长而变大甚至凝胶,影响使用。因此应该在前期准备工作完成以后再开始胶接施工,以便连续使用胶液,胶枪每次停止工作时间最好不超过 20 min。如长时间不用后再次使用发现挤胶困难,应更换混合胶嘴。

6)胶管内的胶使用完后,胶管与混合胶嘴一起丢弃不用。

7)为保证斜面或立面黏结,防止黏结时的胶液流淌,胶黏剂一般具有较大黏度,所以使用胶枪挤出胶液时会有些费力,尤其是在温度较低的情况下。将胶管放入 40℃ 烘箱中加热 30 min,可显著提高出胶速度,省时省力,混合效果更好。

8)挤出的胶黏剂超过待黏结区域时,应在胶黏剂固化前用干净的软棉布对多余的胶黏剂进行清除。

9)注意超过使用期的胶黏剂或目视胶黏剂粘度有明显变化时,不能使用。

五、组装及封装

贴好胶膜或涂好胶黏剂的零件需要组装成胶接件并封装后进行固化。胶接装配时可以利用预装时制出的定位孔定位,也可以借助专用工艺卡板一类的定位件来保证零件相互位置的准确性,还可以利用压敏胶带辅助定位。

组装时必须注意以下两点:

1)根据结构特点,采取必要措施,对不能承受固化压力的部分进行保护。常对胶接结构的悬空部分采用适当充填的方法,比较有效的辅助措施包括加支撑、加垫板、加盖板等。

2)应在胶黏剂固化前向黏结面施加一定的压紧力,以使胶接面均匀受压。这样可以提高胶黏剂的流动性,保证胶液在材料表面能够润湿、渗透和扩散,同时保证胶层与被黏结面的紧密接触,防止气孔空洞,使胶层厚度均匀。压紧力的大小不能过大,否则胶液容易流失,压紧时间从胶接面开始贴合后在胶黏剂固化前施加压力,直到胶黏剂完全固化后才能卸除。固化压力采用接触压(约为 0.01~0.03 MPa),施压时不能损伤零件。加压的方式包括机械压力,用重物压紧、夹具夹持或真空袋技术。常温(25±2)℃固化 3 h 后可以撤除压力,进行下一步工作。固化期内,应对待胶接区域进行适当保护。各种加压方法如图 3-25 所示。

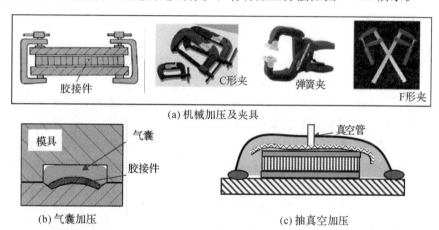

(a) 机械加压及夹具

(b) 气囊加压

(c) 抽真空加压

图 3-25 加压方法

3)固化期内,应对待胶接区域进行适当保护,避免其他工序操作时,影响胶黏剂固化。

4)组装时的技术要求和工作内容见表 3-7。

表 3-7 胶接组装及封装工作内容、技术要求

序 号	工作内容	要 求
1. 准备工作	检查参与组装的所有零件及工装的配套表、合格证及外观	(1)所有参与组装的工装模具零件应合格,已经涂胶黏剂的零件应保护良好,无污染; (2)涂胶工装采用的脱膜材料应按规定要求,也不得在组装和固化过程中污染胶接表面
2. 胶接组装	按图样及技术条件完成胶接件组装	(1)按产品图样组装,零件定位基准应严格与预装时的基准一致; (2)组装时根据结构特点采取必要措施对胶接结构悬空部分进行保护,适当充填,对不能承受固化压力的部分要加以保护,采取有效辅助措施,如支撑、加垫、盖板等; (3)胶接件在模具上完成装配后,在其上铺设隔离层、透气层等辅助材料,对共固化胶接件还应铺吸胶层; (4)在胶黏剂固化前应向黏结面施加一定的压紧力,使胶接面均匀受压。可以提高胶黏剂的流动性,保证胶液在材料表面能够润湿、渗透和扩散,同时保证胶层与被黏结面的紧密接触,防止气孔空洞,使胶层厚度均匀

续　表

序　号	工作内容	要　求
3.封装	在模具上对已组装完成的胶接件制作真空袋进行封装	(1)采用热压罐或抽真空加压固化时,胶接件应封装在真空袋内承受固化压力; (2)用真空薄膜及密封胶带对胶接件及覆盖层制备真空袋,真空薄膜下料应有足够余量以满足真空袋封装时的打袋要求
4.气密检查	真空袋封装系统进行固化前气密检查	(1)真空袋封装系统应气密性良好; (2)组装后的胶接件制备真空袋后须检查泄漏,抽真空 33.9 KPa 保持 1 min,关闭抽真空阀门观察 5 min,只有在其间真空压力的下降至＜10.1 KPa 时,才能进入热压罐固化

六、固化

固化过程是胶接工艺中最重要且必不可少的工序。胶接固化过程是在一定温度和压力条件下胶黏剂发生充分交联反应固化后使被连接件之间具有一定强度、刚度及足够韧性的连接工艺过程。固化是获得良好黏结性能的关键过程,只有完全固化,才能达到最大的强度。胶膜需在 135℃固化 3 h,其余胶管胶黏剂和调制的胶液均在 60℃固化 3 h。

固化过程可以采用室温固化、加热固化、辐射固化、微波固化、高频固化等方法。

室温固化也称自然固化,是在常温下黏结件自行固化,时间较长,但不需要其他附加条件,方便节能。

加热固化分中温固化和高温固化,中温固化是指固化温度 120℃左右;高温固化是在高于150℃以上的固化温度。加热固化速度快、时间短、强度高、耐老化,但比较麻烦,需要一定的设备,如热压罐、电烘箱、干燥机、红外灯、电吹风等。加热固化过程通常可在热压罐中完成。热压罐固化具有通用性好、温度均匀、压力温度可控、效率高的优点,缺点是设备昂贵,使用成本高。

在热压罐中固化,压力是靠抽真空来实现施加。在整个固化过程中都必须保持真空度应大于或等于 0.93 MPa。

固化过程中的升降温速率必须严格控制,升降温速率一般应保持在 1.5℃/min 左右,必要时还应低于这一速率。固化结束产品的出罐温度应控制在 60℃以下。

热压罐胶接用夹具示意图如图 3-26 所示。

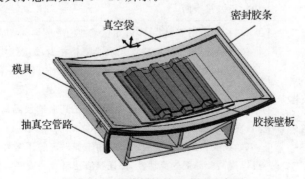

图 3-26　热压罐胶接用夹具示意图

采用热压罐胶接过程中,应注意以下几点:

(1)认真检查真空袋系统、固化设备(加热加压系统),保证各系统工作正常。

(2)胶接件及真空袋系统安装进热压罐后,应再次检查真空袋系统有无泄漏,并检查真空袋是否有足够余量保证胶接件均匀受压,防止架桥。

(3)胶接固化工艺参数严格按工艺文件要求,准确操作控制胶接件的固化工艺参数。

(4)胶接件的随炉试样可与胶接件打在同一个真空袋内。

(5)胶接固化全过程的稳定压力实测数据应由固化设备实现自动记录。

七、脱模、清理

合理的模具结构和脱膜材料是保证脱膜的前提。按工艺要求在胶接件固化冷却后,将胶接件从模具中取出,称为卸模或脱模。可以采用手动敲击脱模、灌水法和气压法。不论哪一种方法,脱膜时均应防止损伤复合材料胶接件,防止零件发生变形,防止损伤模具。

手动通过脱膜用木棰或橡胶锤轻轻敲击模具使其震动松脱,复合材料属于脆性材料,因此不应直接在复合材料上敲击。

采用灌水法时防止复合材料吸收过多,水分影响强度。

气压法是用压缩空气导入复合材料制品与模具界面处,利用压缩空气的膨胀使其分离。

固化脱模后的胶接件需要进行表面清理及外廓切边整修,清除胶接表面的胶痕、多余的黏着物,切除胶接件外廓余量。

按需要对胶缝进行密封防湿处理。

八、胶接件后续加工

已完成固化清理的胶接件若尚未形成完整的产品,则应在经过胶接质量检验后,再进行后处理,后处理的内容包括制品后烘,飞边、毛刺的清除,制品表面抛光,为装配需要进行的机械加工和机械连接等。已成型好的复合材料板材、管材、棒材或层压板按要求进行余量切割修边,或进一步进行外廓尺寸加工。

1.复合材料的切割加工

复合材料的切割加工基本要求如下:

(1)所有切割边缘应完整光滑,以避免边缘分层而引发结构整体提前破坏。

(2)切割公差应符合图纸要求。

(3)刀具锋利以减少起毛和防止分层。

(4)所选用的切割刀具应有足够的使用寿命。

(5)及时清除切屑粉尘以防止划伤零件,并降低污染。

(6)为防止总体变形,可将零件固定在夹具型架上进行切割。

(7)所有切割、打磨暴露的表面都必须用相应树脂(如环氧树脂)或漆料、密封剂封口。

复合材料零件
外形尺寸修整

(8)切割应顺零件表面纤维取向推进。

(9)切割时速度应均匀,保持刀具平衡,不允许在零件中停留和空转。

(10)切割过程应做好个人防护,戴上口罩,穿上防护服,避免粉尘对人体伤害。

常用的切割方式有机械切割、高压水切割、超声波切割和激光切割等：

机械切割与修边是将砂轮片、普通锯片或人造金刚石锯片等刀具装在机床或电动砂轮切割工具上进行切割或修边的方法。

高压水切割是利用经过增压（压力约 $180\sim300$ MPa）后的水（或吸附磨料后），以数倍于声速的喷射速度从喷嘴（孔径约 0.2 mm）中喷出，对材料进行切割。

激光切割是激光切割是一种非接触式的加工方法，采用不同功率的激光源，可切割不同厚度的树脂复合材料。

超声波切割是利用超声波的高频振动启动切割刀具以切割复合材料零件。

复合材料各种切割方法的优缺点比较见表 3-8。

表 3-8　复合材料各种切割方法的优缺点比较

方　法	优　点	缺　点	应　用
机械切削	适用性强、对窄带比较经济	切割速度慢、费用高、劳动强度高、难切割多层板、成本低	任何尺寸的带和宽幅织物
高压水切割	不产生粉尘、无热影响区、计算机控制	限制层压板层数、未固化预浸料轻微吸水气、噪声高、夹芯结构积水、成本高	切割固化和未固化的复合材料
激光切割	切割厚度大、清洁可靠、精度高、计算机控制	成本高、零件边缘焦化	切割固化和未固化的复合材料
超声波切割	切割速度快、切割厚度大、精度高、清洁、计算机控制	成本高	切割固化和未固化的复合材料

2.复合材料制品的抛光

用表面附有磨料或抛光膏的旋转布轮对复合材料制品进行处理的过程称为复合材料制品的抛光，其主要目的是消除复合材料制品的表面飞边、加工痕迹、表面微细划痕，增加制件表面光亮度等。抛光所用的轮常为布轮，其上涂上抛光膏或磨料即可进行作业。分为粗抛光、精抛光、增泽抛光 3 种。

（1）粗抛光的目的是除去飞边、拉毛和划痕等痕迹。抛光轮为 300 mm，常用帆布或棉布制成，磨料用刚玉粉末或硬脂酸类油膏，抛光轮转速为 $1\,000\sim1\,500$ r/min。

（2）精抛光目的是将粗抛光后的表面进行精加工，使粗糙的表面变得光滑。常抛光轮为 $300\sim350$ mm，由 50 层法兰绒布制成，磨料用氧化铁油膏、黄油等，抛光轮转速更高（$2\,000\sim2\,500$ r/min）。

（3）增泽抛光又称光亮抛光，目的是为前粗、精抛光后的表面赋予光泽或光亮度。抛光轮为 30 层的丝绸布，常不加抛光膏。若需要磨料加少量微粉体矿物膏。转速为 $2\,000\sim2\,500$ r/min。

注意事项：抛光加工后，制品在同一平面上光泽度均匀，不能有焦化，棱边孔口处不得塌陷，抛光压力要均匀，抛光膏应少量多次施加。抛光轮不应单边磨损。

九、胶接质量控制

胶接技术在操作上难度并不大，但影响胶接质量的因素较多，主要包括工作环境的温度、湿度、清洁度，专业操作人员的熟练程度，胶黏剂质量、固化过程控制及人为因素等。

胶接技术从材料到工艺本身特性决定了其难以保持一致性，若不加强控制，更会扩大胶接性能的分散性。目前胶接结构很多用于承载结构,其胶接质量直接影响到整个结构的安全,因此严格控制胶接质量对确保胶接结构的安全性具有重要意义。胶接质量控制内容涵盖了胶接质量的全过程包括环境条件、人员控制、材料、模具设备、工艺、质量管理等六方面。复合材料胶接质量控制内容及要点见表 3-9。

表 3-9 复合材料胶接质量控制内容及要点

质量控制内容	质量控制要点
环境条件控制	①胶接厂房远离污染源; ②厂房内部布局应合理,适应胶接生产流程的连续性; ③与胶接涂敷有关的操作在净化间内进行; ④净化间内的温度及湿度以及尘埃粒度应可控,且保持正压; ⑤胶接工地应保持日常清洁、防止粉尘
材料控制	①所有材料应为通过鉴定的定型产品并定点供应; ②胶黏剂的每一个验收批次均应进行验收检验和验收试验; ③胶黏剂的储存条件、包装要求、储存时限及发放使用情况均应有效控制、管理; ④所有辅助材料有相应的管理措施; ⑤表面处理水及喷涂底胶用气均有严格要求及有效控制
模具、设备控制	①所有模具、夹具、仪器设备均应校验合格并定期检修; ②直接生产产品的模具设备应通过首件鉴定才能投产; ③所有加温、加压设备应同时设置指示、控制、报警3套仪器; ④有关加温加压实践生产运行过程应自动记录; ⑤对生产安全威胁较大的设备须设置有效的安全装置
工艺过程控制	①所有生产均应根据有效的产品图样和工艺文件进行; ②有关生产的材料、零件、工装、仪器、环境处于合格状态,操作员持证上岗; ③所有技术文件对技术要求及工艺参数的描述均应明确无误; ④产品制造均应通过首件鉴定程序; ⑤所有产品及随炉件均应通过检验
人员控制	①从事结构胶接的人员应通过专门的培训、严格考核、持证上岗,其中表面处理、底胶喷涂、无损检测人员还应接受特殊的技术训练; ②所有持证人员长期脱离胶接操作或发生重要操作事故后均应重新考核取证
产品质量控制检测	胶接件制造时应对相关工序进行无损检测
技术条件及管理控制	①所有技术文件的编制、修改、保管及分发均有效管理; ②胶接生产线投产前应完成多次的胶接合格生产试验,通过鉴定; ③对生产中不合格产品的处理、返修、重新检验、保管均应严格控制; ④胶接件制造时均应详细填写胶接制件质量控制履历本并存档; ⑤胶接件的生产制造必须置于本单位的质量保证系统严格控制之下

复合材料制件胶接后应当对胶接质量进行检验,胶接质量控制检测有工序检验、随炉试样强度测试和无损检测3种。目前主要的检验方法有目测法、敲击法、溶剂法、试压法、测量法、超声波法、无损检测等。

目测法是用肉眼或放大镜观察胶层周围有无翘曲、突起、剥离、脱胶、划痕、擦伤、裂缝、空洞、缺胶、错位、碳化、接缝不良等表面损伤和内部损伤。

敲击法是用敲击端制成 5~10 mm 的半球形触头的尼龙棒、带弹性手把的尼龙小锤、木棒等轻轻敲击黏结部位,发出清脆的声音为黏结良好,声音沉闷沙哑,表明内部可能有大气孔、分层、脱胶、树脂固化不完全、裂纹等缺陷。

试压法用于对机体、气瓶等密封件的黏结检查。输入一定压力的水或油后,保持 3~5 min 应没有明显的压力下降或渗漏。

胶接质量检测主要包括胶接生产时的质量检测和胶接构件的性能检测两部分,其检测内容见表 3-10。胶接质量应根据不同部位所规定的缺陷允许值进行控制。

表 3-10　胶接质量检测项目及内容

序号	类别	项目	检测内容
1	胶接生产质量检测	目视检测	胶接件及胶缝的表面质量,如薄蒙皮印痕、表面划伤、腐蚀、零件错位、变形等
2		无损检测	胶接件胶缝的内在质量,如脱胶、疏松、气泡、分层等
3		密封渗透性试验	将制件浸入(85±5)℃热水中保持 2 min,若有气泡溢出,说明制件存在渗漏
4	胶接件性能检测	X 射线进水检测	对制件进行 X 射线进水检查,检查蜂窝芯格进水、节点开胶、失稳变形和发泡胶填充质量
5		耐热试验	在相应于胶接件的设计要求温度下进行耐热试验 1h,胶接件经耐热试验后的变形、脱胶或产生的其他缺陷均不应超过有关规定

常见的胶接缺陷及预防措施见表 3-11。

表 3-11　常见胶接缺陷及预防措施

常见胶接缺陷	可能原因	预防
胶接强度低、胶接表面呈黏附破坏	胶接表面处理不良,或重新污染,胶剂不合格,固化不充分	提高胶接表面处理质量,严格保证环境及操作条件,确保充分固化
胶接强度低、胶层疏松	胶黏剂过厚或有气泡,固化压力不足,胶接表面配合间隙过大	固化前清除气泡,保证封装质量
蒙皮凹陷,表面局部损伤	内外压力不匀,模具表面多余物,零件配合不好,操作不当	改进零件的定位固定及操作,注意保护零件表面,装配前清理模具表面
胶接件变形	夹紧处理不当,悬空部位未处理,零件配合不良,胶接件固化加热不匀,固化升降温速率过快,固化加压不匀,铺层错误	悬空部位增加垫块,均匀加压、合理设计铺层角度
蜂窝结构件的芯材节点开胶	芯材局部节点强度偏低	
蜂窝结构件的封边零件及芯子滑移	胶接件内外压差大	泄露试验后缓慢接通大气,胶接固化时不抽真空,减小固化压力,改用载体胶膜
蜂窝结构件的复合材料蒙皮分层	定位孔处分层,蒙皮缺乏必要的支撑,装配不当而使得蒙皮架空	蒙皮下加工艺垫块支撑,固化后取出,提高装配质量,保证配合间隙

任务 5　二次胶接制作复合材料连接件

一、复合材料蒙皮及帽形加筋的二次胶接

复合材料蒙皮及帽形加筋二次胶接任务单 1 见表 3-12。

表 3-12　任务单 1

任务单 1	复合材料蒙皮及帽形加筋二次胶接	班级_____ 组号____ 姓名_____

任务说明:完成蒙皮和帽型加筋结构二次胶接

知识点	胶接工艺流程、预装配、胶接面制备、胶接定位及夹紧
能力要求	会预装配、会定位、会夹紧、会胶接面制备
耗材	已固化的蒙皮及帽型筋条、胶膜、真空袋、真空管、腻子胶条、无孔隔离膜、有孔隔离膜、胶膜、环氧树脂、丙酮、砂纸
工具、设备	剪刀、烘箱、真空泵、手锤、均压板、模具、夹具

工序	操作步骤	配分	过程考核	
			在扣或得分项前□内打√	得分
1.前期准备	(1)检查帽形筋及蒙皮尺寸及形状; (2)准备夹具、辅助材料等; (3)胶膜准备:解冻后裁剪胶膜; (4)在工件溢胶面所接触的工装夹具上涂脱模剂或脱模材料或准备隔离薄膜	10	□未在规定时间准备工夹具等扣 5 分; □工装夹具没有做防胶处理扣 10 分	
2.试装配	(5)试装配,标记定位线; (6)修尺寸; (7)做组装定位标记; (8)用纸胶带保护非胶接区域	15	□无试装扣 10 分; □无定位标记扣 5 分; □非胶接面无保护扣 5 分; □尺寸超差过大扣 5 分	

续　表

任务单 1	复合材料蒙皮及帽形加筋二次胶接		班级 _____ 组号 _____ 姓名 _____	
3.胶接表面制备	(9)打磨胶接面:用 180 目砂纸(或者 140～320 目)砂纸对胶接面进行打磨。具体操作按以下步骤进行: 　①横向轻微打磨至表面有均匀轻度划痕清除表面光泽,垂直方向打磨至横向划痕被磨去,环向打磨至垂直方向划痕被磨去,表面均匀一致为止。打磨至表面光泽物全部清除,注意不能损伤基材,打磨 6 h 内完成胶接。 　②用吸尘器吸除灰尘或表面杂物,戴橡胶手套。 　③清洗:用无绒棉布蘸丙酮或无水乙醇擦洗待胶接面,确保无肉眼可见油污杂质。最后一次清洗用的棉布应为洁净的,清洗后的表面在施工前保证无油污、粉尘或其他污染物。 　④干燥:60°,10 min	20	□砂纸型号错误扣5分; □打磨操作无防尘扣5分; □打磨后无除尘扣5分; □非打磨区未保护扣5分; □未表面处理扣10分; □用洁净滤纸在待涂胶表面往复擦拭4～6次,无明显黑色及黏附物	
4.胶接组装	(10)选择下列三种胶黏剂对复合材料胶接件进行胶接: 　①采用胶膜:裁剪胶膜使待胶接面上贴胶膜比胶接区大 1～2 mm,胶接部位无肉眼可见杂质。直接贴在胶接区。 　②采用自行调制混合胶液:调胶过程使混合胶液确保无肉眼可见杂质。30 min 内涂完。 　③采用胶管装胶黏剂,30 min 内涂完,涂完后将胶嘴取下,胶管盖上密封盖。 (11)胶黏剂均匀涂覆在待胶接区域,两个被胶接面均要涂胶;若用胶膜只黏结在 1 个胶接面上。 (12)厚胶层黏结时:涂胶为 2 遍,第 1 遍为薄涂,第 2 遍为厚涂;薄胶层黏结时:薄涂 1 遍。 (13)涂完胶的工件可马上定位、叠合、加压进行固化,并擦去挤出的多余的胶。 (14)组装:按预装配的标识进行定位装配。 (15)用夹具拧紧固定,施压时不损伤零件。(参考压力 0.03 MPa)	20	□胶膜等于胶接区扣2分; □小于胶接区扣2分; □未按标识组装扣2分; □胶黏剂选择错误扣20分; □准备不充分就开始胶接导致胶黏剂浪费扣20分; □未及时处理模具夹具上的胶黏剂扣10分	
5.固化	(16)固化压力为接触压(约为 0.015 MPa±0.005 MPa)。提供压力的方式包括重物压紧、夹具夹持或真空袋压力。(常温 25℃±2℃固化 3h 后可以撤除压力,进行下一步工序); (17)固化期内,应对待胶接区域进行适当保护; (18)胶膜需 135°固化 3 h,其余胶枪胶黏剂和调制的胶液均 60℃固化 3 h	10	□烘箱无值守扣5分	

续 表

任务单 1	复合材料蒙皮及帽形加筋二次胶接		班级____ 组号____ 姓名____
6. 脱模、 修整	(19)脱模(木楔子或塑料起模,避免划伤模具,严禁铁锤敲打); (20)修整加工至尺寸、打磨	10	□损伤模具扣5分; □铁锤敲击复合材料件扣2分
7.整理	(21)整理实训场地、除尘拖地	10	□未整理扣10分
8.交付	(22)检查外观、尺寸,标记组号及姓名交付	5	□无标记或错误标记方法扣5分
素养	□工具摆放整齐、实训场地整洁有序、按时考勤、卫生打扫干净、严格遵守操作规程无安全事故; □迟到、早退、脱岗 □玩手机 □上课打闹 □未穿工装 □违反安全; □脏乱差		

过程得分(满分 100 分×20%)

工件质量 (满分 100 分×80%)

不同处理方式的铝合金胶接面与复合材料胶接测试件制作任务单 2 见表 3-13。

表 3-13 任务单 2

任务单 2	不同处理方式的铝合金胶接面与复合材料胶接测试件制作	班级____ 组号____ 姓名____

任务说明:按组制作 3 种复合材料板与铝合金黏结面不同处理方式的胶接测试件;

3 块碳纤维板、3 块铝板、6 块加强片;

注:每组应制作 3 种不同处理方式(无处理、打磨、磷酸阳极化)的铝合金黏结表面各一块,打磨处理的碳纤维复合材料板 3 块,打磨处理的加强铝片

知识点	铝合金黏结表面处理、碳纤维胶接面处理
能力要求	会胶接、会胶接面处理、会定位组装、会固化
耗材	环氧树脂胶、塑料膜、稀磷酸、杯子、毛刷、微球、无水乙醇、砂纸、脱模剂
工具、设备	剪刀、美工刀、烘箱、真空泵、刮板、钢板尺、均压板、模具

工序	工序内容	配分	过程考核	得分
1.工具 耗材 准备	(1)设备及样板准备:样板用激光切割机按设计图样切割、准备模具、真空泵等; (2)领取其他耗材、工具、剪刀、直尺、稀磷酸、不锈钢网、脱脂棉布	10	□桌上物品杂乱摆放扣5分; □未在规定时间领取耗材扣5分	

续　表

任务单2	不同处理方式的铝合金胶接面与复合材料胶接测试件制作		班级＿＿＿＿组号＿＿＿＿姓名＿＿＿＿＿	
2.复合材料连接件准备	(3)复合材料连接件用金刚石带锯锯割并打磨至合格尺寸; (4)对胶接区域进行画线,非胶接区用纸胶带保护; (5)胶接区用240目砂纸打磨至合格; (6)打磨后除尘,用无绒布蘸取溶剂擦洗胶接面	20	□未防尘扣10分; □未画线未保护扣5分; □过度打磨扣10分; □非胶接区打磨扣10分; □未清洗扣5分	
3.3块铝合金黏结表面的三种不同处理	(7)铝合金连接件修整至合格尺寸,画线标记胶接区与非胶接区。非胶接区用纸胶带保护。 (8)三个测试件的胶接面采用三种不同处理方式: 1)胶接面无任何处理; 2)胶接面用240目砂纸打磨处理; 3)胶接面采用非槽式磷酸阳极化处理(铝合金)。 ①杯内放入适量的稀磷酸(12%浓度),加入微球搅拌均匀,使其变为不流动的糊状。 ②在待处理的铝合金表面刷一层糊状磷酸,并用一层纱布盖住,在脱脂棉布上刷一层酸液确保棉布完全浸透,直至第三层。在第三层脱脂棉布上放置不锈钢网,确保不锈钢网不会碰到铝合金表面。 ③电源负线接到不锈钢网,不锈钢网上刷磷酸,电源正级接到铝合金零件。 ④施加电压9.5～10 V,电流密度为0.014～0.048 A/in²。 ⑤保持时间10～12 min,关掉移除电源,移除零件。 ⑥阳极化结束后2.5 min以内,用去离子水清洗表面5 min。 ⑦空气干燥30 min,或烘干。 ⑧效果检查:自然光照射下表面颜色在绿色、紫色或黄色间变化	20	□未在规定时间准备工装夹具扣5分; □打磨没戴口罩扣5分; □胶接区域打磨扣10分; □浪费材料扣10分	
4.加强铝片的处理	加强片的黏结表面也需打磨处理,选择240目砂纸	10	□未打磨导致黏结不可靠测试时加强片脱出扣10分	
5.胶接、组装、固化	涂胶黏剂按定位线进行组装,C形夹用塑料膜隔离防止胶黏剂粘连,两个板胶接区用压板及C形夹夹紧,60℃固化3 h	20	□未放塑料膜扣10分; □未处理导致零件固化变形扣10分; □烘箱无值守扣10分	
5.整理	整理清理模具上的多余物、擦干净后放回模具区; 整理实训场地,直流电源等设备工装擦拭干净后归位	10	□未整理清理实训场地扣10分; □设备未擦拭干净扣10分; □整理不到位扣5分	

续　表

任务单 2	不同处理方式的铝合金胶接面与复合材料胶接测试件制作	班级_____组号_____姓名_____
素养	□工具摆放整齐、实训场地整洁有序、按时考勤、卫生打扫干净、严格遵守操作规程无安全事故； □迟到、早退、脱岗 □玩手机 □上课打闹 □未穿工装 □违反安全； □脏乱差	

过程总得分(满分 100 分×20%)

工件质量 （满分 100 分×80%)。

习　　题

一、填空题

1.一般双搭接板的接头强度比单搭接_____。单搭接搭接长度与厚度之比取 $L/t=50$,双搭接取 $L/t=$_____ 。

2.胶接连接承受剪切载荷的能力较强,但是_____差,胶接连接应以剪切方式传递最大载荷。

3.胶黏剂的热膨胀系数应与被胶接件的_____,以便降低热应力。

4.一般双搭接的接头强度比_____高。

5.对非金属被粘件的表面处理主要是除去其表面的_____、_____、_____,并适当地打磨,然后清理。

6.铝合金胶接表面常用的处理方法是_____,工艺简便,对环境污染小,生成的氧化层结构耐水合作用。

7.表面制备中,_____方法对铜合金、铝合金和结构钢胶接效果最佳。

8.复合材料连接接头是由_____和_____两部分组成的。

9.两个胶接件的刚度应该_____,否则容易引起剥离。

10.层合板的标识中 $[+45/-45/0/-45/+45/90]_s$,完整的铺层角顺序是_____ 。

11.层合板的标识中 $[(+45,-45)_2/(0,90)_2]_s$,表示织物铺层共_____层,角标 s 表示_____ 。

12.层合板的标识中 $[+45/0_G/-45_C/90_2]$,碳纤维铺层角度为_____。

13.层合板的标识中 $[+45/-45/0/-45/C_4]_s$,C_4 表示_____ 。

14.胶接面纤维方向应该与载荷方向_____。

15.胶接时应选择合理的连接形式,使胶层在最大强度方向承受_____;尽可能避免胶层受到法向力,以防止发生_____ 。

二、判断题

1.在高温工作时,所选胶黏剂的热膨胀系数应与被胶接件相近。 （　）

2.选择合理的连接形式,使胶层在最大强度方向受剪力,尽可能避免胶层受到法向力,以防止发生剥离破坏。 （　）

3.增加胶层厚度可以提高连接强度,但厚度过大容易产生气泡等缺陷,反而使强度下降,胶层薄则要求被胶接件间贴合度高,因而也不宜过薄,以 0.1~0.25 mm 为宜。 （　）

4.复合材料层压板的待胶接表面纤维方向最好和载荷方向一致,不得与载荷方向垂直。 （　）

5.在长期的高温和湿度环境影响下,胶黏剂将发生组织软化和膨胀,降低胶接强度。 （　）

6.胶接连接承剪能力很强,但抗剥离能力很差。 （　）

7.复合材料与金属胶接,由于它们的电极电位不同,应注意防止发生电偶腐蚀,金属件表面应经过适当的表面处理,避免碳纤维复合材料与铝合金直接胶接,或者设置隔离层。（　）

三、简答题

1.复合材料胶接接头的强度主要影响因素有哪些?

2.简述复合材料胶接装配工序流程。

3.什么是预装配? 预装配需要做哪些工作?

4.为什么胶接前要对胶接件进行表面处理? 金属、非金属、复合材料的表面处理各有哪些方法?

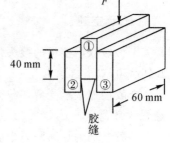

图 3-27

5.图 3-27 所示装置用来确定胶接处的剪切强度,若已知破坏时的载荷为 2 400 N,试求胶接处的剪（切）应力。

6.图 3-28 所示现有测量试样尺寸为:搭接长度 12.7 mm,试样宽度 25.1 mm。将试样安装到试验机夹具上,以设定的加载速率试验,记录最大破坏载荷为 11 832 N,计算拉伸剪切强度 τ。

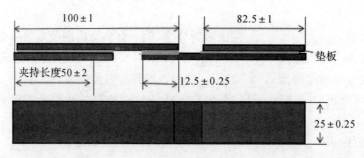

图 3-28

7.图 3-29 所示,经过测试某胶黏剂的剪切强度为 20 MPa。图 3-29 双搭接胶接板设计要求为:该搭接板能承受的拉伸载荷是 8 000 N,如果板宽为 20 mm,搭接长度 L 至少取值为多少毫米?

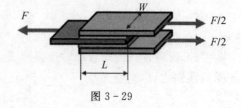

图 3-29

模块 4　树脂基复合材料机械连接技术

【学习目标】

(1)熟悉机械连接接头的破坏形式、应力计算、强度校核。

(2)掌握机械连接强度的主要影响因素。

(3)熟悉机械连接接头类型及其应用、机械连接工艺过程、机械连接质量控制要点。

(4)掌握复合材料钻孔、压铆及拉铆操作技术。

【学习重点】

机械连接强度主要影响因素、接头工艺参数、机械连接工艺过程、复合材料钻孔特点、螺接和铆接质量控制要点。

任务 1　了解复合材料机械连接破坏形式

一、机械连接破坏形式

复合材料机械连接接头由被连接件和机械紧固件组成,用紧固件连接时需要在被连接件上钻出紧固件孔。由于纤维增强树脂基复合材料的强度主要取决于纤维强度,并且在开孔的周边出现应力集中,被连接件上这种缺口的存在将使连接结构部位的强度大幅度下降。一般机械连接多应用在被连接构件较厚的场合。

机械连接接头通常采用多钉连接,每个紧固件孔和紧固件实际受载大小并不相同。图4-1所示为复合材料机械连接接头的被连接件受力及接头应力分布情况。图4-1(a)中可见多钉时的载荷分布情况,载荷集中在两端,两端钉受到更大的应力影响。通常受载时,被连接件受拉伸、剪切和挤压作用,紧固件受剪切、挤压作用。

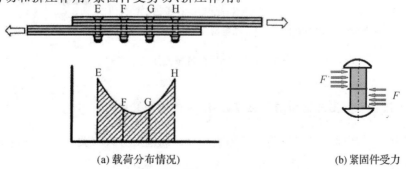

(a) 载荷分布情况)　　　　　　　　(b) 紧固件受力

图 4-1　复合材料机械连接接头应力分布情况

复合材料机械连接接头的破坏包括紧固件破坏及被连接板的破坏。机械连接中紧固件通常是金属材料,如碳纤维环氧树脂复合材料采用钛合金或者不锈钢紧固件。因此紧固件破坏分析和计算方法与金属元件连接相同。但是复合材料连接板的破坏分析要比金属复杂得多。

复合材料机械连接包括剪切、拉伸、挤压、劈裂、拉脱 5 种基本破坏形式,以及由两种及两种以上基本破坏形式组合而成的组合型破坏。

图 4-2 所示为复合材料机械连接的失效形式。这 5 种破坏形式中,挤压破坏是局部破坏,承载能力最高,通常不会引起复合材料结构的灾难性破坏,设计时通常力求若发生破坏时仅可能发生这种破坏形式。而劈裂破坏和剪切破坏是两种低强度破坏,设计时应防止发生。复合材料机械连接板材的拉脱强度较低,一般应避免紧固件受拉伸载荷,使被连接板尽量少受面外拉伸载荷。

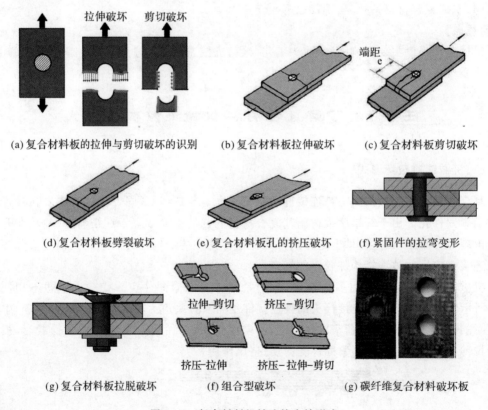

(a)复合材料板的拉伸与剪切破坏的识别　　(b)复合材料板拉伸破坏　　(c)复合材料板剪切破坏

(d)复合材料板劈裂破坏　　(e)复合材料板孔的挤压破坏　　(f)紧固件的拉弯变形

(g)复合材料板拉脱破坏　　(f)组合型破坏　　(g)碳纤维复合材料破坏板

图 4-2　复合材料机械连接失效形式

二、机械连接破坏形式的预防及强度计算

机械连接的破坏模式主要与其连接部位的尺寸和铺层方式有关。复合材料机械连接破坏形式及预防见表 4-1。

表 4 - 1　复合材料机械连接破坏形式及其预防

破坏形式	被连接板破坏时的计算	预防措施
 板孔口挤压破坏,孔周材料发生分层及压碎(危害最小)	①挤压应力:$\sigma_{br} = F/A_{br}$; ②$A_{br} = Dt$; ③W/D,e/D足够大时发生挤压破坏; ④只有挤压破坏为局部破坏,危害最小,属于非灾难性破坏,设计时应设计成只发生这种破坏形式; ⑤板的挤压强度校核 $\sigma_{br} \leqslant [\sigma]$	①以挤压强度为临界参数进行连接设计; ②螺母下加垫圈; ③至少 40% 的 ±45° 铺层; ④采用抗拉凸头紧固件
 板拉伸断裂破坏	①拉伸应力:$\sigma_L = F/A_L$; ②$A_L = (w - nD)t$; ③板的宽度不够(W/D 过小容易发生拉伸破坏); ④净截面拉伸破坏为灾难性破坏,应避免发生; ⑤在垂直于载荷方向的纤维比例过大,使载荷方向的强度不够; ⑥板的拉伸强度校核 $\sigma_L \leqslant [\sigma]$	①紧固件间距>5D; ②加厚连接部位板的厚度,以减少净应力
 板剪切、劈裂破坏	①剪切应力 $\tau_j = F/A_j$; ②剪切面积 $A_j = 2et$; ③端距过小(e/D 过小,容易发生剪切破坏); ④若被连接板 0° 层含量过多,容易发生剪切和劈裂破坏; ⑤强度校核 $\tau_j \leqslant [\tau]$(板许用剪切强度)	①加大端距:端距 $e = 3D \sim 4D$; ② 0° 层不宜过多,否则容易发生劈裂破坏,即使加大 e 也无济于事(40% 以上±45°铺层;10% 以上 90°铺层)
 紧固件剪切断裂破坏	①紧固件剪切破坏应力; ②$\tau_j = F/A_j$; ③剪切面积 $A_j = \pi r^2$; ④紧固件直径过小或铆钉材料剪切强度小都会造成铆钉剪切破坏; ⑤紧固件强度校核 $\tau \leqslant [\tau]$(紧固件许用剪切强度)	①采用直径更大的紧固件; ②采用高抗剪紧固件
 紧固件拉脱破坏	①层压板薄; ②面外拉伸; ③沉头孔不能过深,剩余深度不能小于 0.5 mm	①增加沉头层压板厚度 $t > 0.6D$; ②设计时避免连接部位承受面外拉伸载荷; ③沉头孔深度<0.6t

任务 2 掌握复合材料机械连接强度的主要影响因素

影响复合材料机械连接接头强度的因素远比金属接头多,这些因素可以归纳为以下 5 种:

(1)被连接件的材料参数:纤维类型及含量、铺层方向及形式(单向带、编织布)、树脂类型。

(2)紧固件参数:紧固件类型(螺栓或铆钉、凸头或沉头等)、紧固件尺寸、垫圈尺寸、紧固件与孔的配合精度及装配时的拧紧力矩。

(3)接头参数:连接形式(搭接或对接、单剪或双剪),接头的几何尺寸(排距、端距、边距、孔径/厚度比)、孔排列方式、被连接板的间隙。

(4)载荷因素:载荷种类(静载荷、动载荷、疲劳载荷)、载荷方向、加载速率。

(5)环境因素:温度、湿度、介质。

一、被连接件材料参数

(一)铺层角度及比例对破坏模式及强度的影响

航空飞行器结构上所采用的层压板一般是由 $0°$,$+45°$,$-45°$,$90°$ 四种定向铺层组成的对称层压板结构,各定向层所占比例不同,则接头强度有差异。

其中 $\pm45°$ 层所占的比例对层压板的挤压强度有重要的影响。当层压板主要由 $0°$ 层组成,而 $\pm45°$ 层含量较少时,极易引起层压板的剪切或劈裂破坏。不同比例铺层角度的复合材料板破坏情况如图 4-3 所示。图中均为 10 层铺层,图 4-3(a)挤压破坏是孔周的局部破坏,此时 $\pm45°$ 铺层角有 4 层,铺层角全为 $90°$ 时,板拉伸破坏,铺层角为 $0°$ 时板发生了剪切破坏。

(a) 挤压破坏—[0/+45/90/-45/0]$_s$

(b) 拉伸破坏—[90]$_{10}$

(c) 剪切破坏—[0]$_{10}$

图 4-3 铺层角度及层压板破坏形式

图 4-4 为铺层对最大挤压应力的影响,$\pm45°$ 铺层达到 66% 左右时,不管是凸头还是沉头紧固件,挤压应力都达到了最大值,当 $45°$ 层含量继续增加时,挤压应力又有所减少。要保证连接区有足够的挤压和剪切强度,应添加适当比例的 $\pm45°$,连接区一般要求 $\pm45°$ 铺层至少 40%。

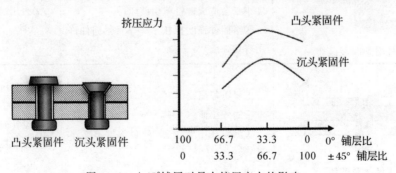

图 4-4 $\pm45°$ 铺层对最大挤压应力的影响

（二）铺层顺序对强度的影响

有研究表明,铺层顺序也会影响层合板的层间剪切强度,对挤压强度也有影响。连接区的铺层设计,一般应遵循以下 5 条原则:

(1)采用均衡对称铺层以消除内应力及翘曲,+45°和-45°应该成对出现或对称中心平面两侧有等量的+45°和-45°层。

(2)在合适的接头几何参数下,欲使连接结构仅能发生挤压破坏。在连接区域,±45°铺层应大于 40%,0°层应大于 25%,90°层应 10%~25%,为使相邻层的热膨胀系数差异不太大,还应大于 10%。

(3)相同方向的铺层应尽可能均匀散开铺叠,尽量不要把相同方向的铺层叠放在一起,使相邻层纤维间的夹角最小。如必须连续铺叠时,在同一方向的铺层应避免多于 4 层。

(4)对于较薄的层压板连接区应局部加厚,以避免孔径与板厚比(D/t)过大,避免紧固件发生破坏,$1 \leqslant D/t < 4$。

(5)连接区应避免拼接纤维。

二、紧固件参数对强度的影响

（一）紧固件参数对强度的影响

1.紧固件类型

紧固件类型主要有螺栓和铆钉。螺栓强度大于铆钉。连接结构中用螺栓连接时,由于需要拧紧螺母,产生了垂直于层合板的力,通过垫圈对孔周产生了侧向限制,抑制了层间应力作用,接头的挤压强度有所提高。

2.紧固件头型

紧固件有凸头或沉头两种头型,如图 4-4 所示。沉头紧固件下沉进连接板内,因此接头表面平整,但沉头部分不承受挤压载荷,所以沉头比凸头强度降低 12%,凸头强度更大。设计时在无需考虑外形要求时,尽量采用凸头紧固件。

3.紧固件材质

复合材料机械连接紧固件一般都用金属材料,因此需防止复合材料连接件与紧固件两者之间因为电位差引起的电位腐蚀。碳纤维复合材料构件机械连接时采用钛合金紧固件或不锈钢紧固件,一般不用铝合金,如果需要用铝合金紧固件时,必须采取严格的防电位腐蚀措施,可用玻璃纤维布进行隔离或湿装配。湿装配如图 4-5 所示,湿装配是在紧固件与复合材料孔壁之间填充一层胶后再进行装配,胶液固化后将复合材料与金属材料分隔开,复合材料与金属材料之间不产生直接接触,减少了电位腐蚀的可能。湿装配还能对铆接中难以完全避免的工艺损伤起到弥补作用,比如钻孔时产生的孔壁分层。

4.紧固件钉杆与被连接件上的孔采用间隙配合

紧固件钉杆与被连接件上的孔应该采用间隙配合,由于复合材料的层间强度低,抗挤压能力弱,如果采用过盈配合可能会对孔壁造成损伤。也可以在孔内镶嵌金属衬套后再采取小的过盈配合,金属紧固件与金属衬套间采用的过盈配合如图 4-6 所示。

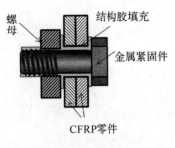

图 4-5 湿装配

（a）紧固件与孔间隙配合

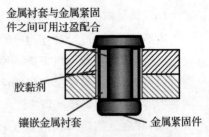

（b）紧固件与镶嵌衬套用过盈配合

图 4-6 紧固件与紧固件孔之间的配合形式

5.紧固件直径 d

紧固件直径 d 的选择应使其满足强度条件不应发生剪切破坏。d 可根据剪切强度来定：若所需传递的载荷为 F，钉的剪切强度为 $[\tau]$，单面受剪时，钉杆应满足的强度条件为

$$\tau = F/A < [\tau] \quad \rightarrow \quad \tau = F/\pi r^2 < [\tau]$$

通常 $1 < D/t < 3$。实践表明，板厚与孔径的比值 $D/t = 1.0 \sim 2.0$ 时，连接强度最好，随着 D/t 的增大，连接强度降低。当 $D/t = 3$ 时，挤压强度约减小 13%。设计时可取 $D = (1.2 \sim 2)t$。

复合材料构件常用 $100°$ 沉头紧固件连接，要求埋头窝深 $h < t/8$。为此，通常采用表 4-2 中孔径与板厚关系的推荐值。

表 4-2 孔径与板厚

单位：mm

孔径 D	最小板厚 t	孔径 D	最小板厚 t
3.0~3.5	1.5	6.0~7.0	3.5
3.5~4.0	2.0	7.0~8.0	4.0
4.0~5.0	2.5	8.0~9.0	4.5
5.0~6.0	3.0	9.0~10.0	5.0

6.垫圈尺寸

金属垫圈尺寸见表 4-3，铆接是将铆钉插入铆钉孔内，利用工具将伸出板外的铆钉杆镦粗才能形成镦头，因此铆钉杆发生塑性变形时不可避免地对孔壁及孔口端的材料造成挤压，由于复合材料硬度一般比金属低，抗挤压能力弱，因此在复合材料一侧铆成非沉头镦头时，镦头下面必须安放金属垫圈，保护孔壁及孔口端面不受损伤，如图 4-7 所示。

表 4-3 金属垫圈尺寸 单位：mm

铆钉直径	金属垫圈			
	内 径		外 径	厚 度
	基本尺寸	极限偏差		
2.5	2.6		7	0.8~1
3	3.1	+0.05 0	8	1
3.5	3.6		8,9	1
4	4.1		10	1~1.5
5	5.2		12	1.5~2
6	6.2		15	1.5~2

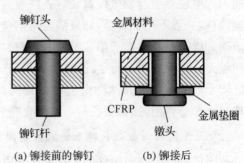

（a）铆接前的铆钉 　（b）铆接后

图 4-7 金属垫圈位置

(二)装配时拧紧力矩的影响

挤压强度对层压板厚度方向上的夹紧力较敏感,对螺栓连接施加拧紧力矩能提高层压板的承载能力,但若过分拧紧螺母反而会造成层压板孔口部位的损伤,对强度不利。如图 4-8(a)所示,拧紧力矩过大引起层压板损伤,孔周围材料隆起、表面压溃。图 4-8(b)所示为单搭接拧紧力于破坏载荷的关系,拧紧力矩的推荐值见表 4-4。

(a)拧紧力矩过大引起的层压板损伤

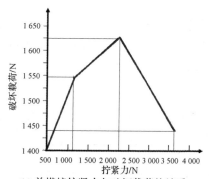
(b)单搭接拧紧力与破坏载荷的关系

(c)测力矩扳手

图 4-8　拧紧力矩影响

表 4-4　螺栓拧紧力矩推荐值　　　　　　　单位:N·m

螺母形式		厚　型	薄　型	所有类型
螺栓头形式		六方头型、沉头拉伸型	所有各型	沉头剪切型
螺纹公称直径	M5	3~5	2~3	2~3
	M6	5~8	3~5	3~4
	M8	10~15	6~11	10~11
	M10	18~25	12~19	11~12
	M12	25~30		

(三)机械连接紧固件的选取原则

(1)传载较大的结构连接部位应采用螺栓连接,多用钛合金的高锁螺栓。

(2)在碳纤维复合材料结构中,应避免碳纤维层压板与铝合金(无涂层)、镀锌的钢件等直接接触,以防产生电偶腐蚀。如必须使用时,可采用"湿装配",即在连接件上涂漆或密封胶,使之与复合材料隔离。碳纤维复合材料与不锈钢同时使用时,也应采取防腐措施,钛合金则可直接使用而不需任何防护。

(3)应尽可能采用受拉型紧固件,因受剪型紧固件端头较小,容易转动,可能引起孔或构件与钉头接触面的损伤。

(4)对于一般部位,螺栓与孔的配合精度不应低于 H9/h9,重要接头应采用更精密的配合。一般不采用干涉配合或过渡配合。

(5)应优先选用钛合金、纯钛和钛铌等铆钉。应尽量避免使用铝合金及低合金钢铆钉。

(6)铆接应优先选用拉铆型环槽铆钉、螺纹抽钉和抽芯铆钉,以避免复合材料板受撞击和孔壁因钉杆的胀粗而受损,铆钉直径一般不应超过 4 mm,否则不但铆钉镦头成型困难,也容易损伤复合材料板。

(7)在可拆卸的非受力或次受力构件以及某些内部构件上,为降低重量和成本,也可使用少量的铝合金铆钉,但铆接必须湿装配,并采取严格的防电位腐蚀措施。

三、接头几何参数对强度的影响

(一)接头几何参数概念

影响机械连接强度的几何参数主要有间距、行距、端距、边距、孔径、板厚等,合理选择这些参数可以减少应力集中,提高接头强度。端距是接头端部第 1 排的钉孔中心到接头端部的距离,边距是板宽两侧边缘孔的中心线到制件边缘的距离。机械连接接头几何参数如图 4-9 所示。

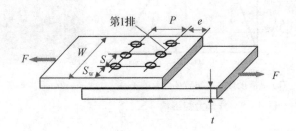

第1排 P e

接头几何参数
◆孔径 D,紧固件直径 d
◆端距 e
◆板宽 W
◆板厚 t
◆排距 P(行距)
◆边距 S_w
◆列距 S

图 4-9　机械连接接头几何参数

行距是两行钉孔中心的距离,列距 S 是两列钉孔中心的距离,

接头几何参数主要是:端距 e、边距、孔距、板宽 W、孔径／厚度比(D/t)。

(二)接头几何参数选择

1.间距、行距、端距、边距的选择

当连接螺钉数较多时,必须注意螺钉孔的配置,若设计过密,往往产生局部拉断和剪切,因此需要控制行距和列距,一般取值 $4D \sim 6D$。复合材料理想的破坏模式为挤压破坏,这种破坏形式通常不会引起复合材料结构的灾难性破坏。

大量研究表明,当 $W/D > 5$,$e/D > 3$,$1 < D/t < 3$ 时,机械连接的破坏模式为挤压破坏,接头强度较高。

紧固件中心距一般取 $5D$,即开孔直径的 5 倍,至少也取 $4d$,边距与被连接件厚度有关,一般大于 $2.5D$,端距一般 $2.5D \sim 4D$ 可参考表 4-5 选择。多列连接时,外列钉承受较大的载荷,外列行距应大于内列的行距。

表 4-5　被连接件板几何参数　　　　　单位:mm

孔径／板厚 (D/t)	端距／孔径 (e/D)	边距／孔径 S_w/D	排距／孔径 P/D	列距／孔径 S/D	沉头孔时的板厚 t
$1 \leqslant D/t \leqslant 2$	$\geqslant 3$	$\geqslant 2.5$	$\geqslant 4$	$\geqslant 5$	$t \geqslant 0.6D$

2.连接形式的影响

连接形式是影响机械连接强度的重要因素之一。同双剪连接相比,单剪连接由于载荷偏

心产生附加弯矩,挤压应力沿板厚更不均匀,因此可能降低连接强度。一般双搭接接头强度比单搭接强度高 15%～20%。单剪对连接强度的影响大小与板厚有关,对于薄板,单剪对挤压强度影响不大,随板厚增加,单剪影响逐渐增加。

复合材料结构的机械连接形式,按有无起连接作用的搭接板来分,主要有对接和搭接两种,按受力情况分,有单剪和双剪两类,如图 4-10 所示。选择时应注意以下事项:

(1)机械连接的方式通常有搭接和对接两种。设计时宜采用双剪连接形式,单剪连接会产生附加弯曲而造成接头的承载能力减小;用双盖板对接可以避免产生弯矩。

(2)若选择不对称的单剪连接形式,应采用多排紧固件,紧固件的排距应尽可能大些,使偏心加载引起的弯曲应力降低。

(3)碳纤维树脂基复合材料的塑性较差,会造成多排紧固件连接载荷分配的严重不均,因此尽量不用多于两排紧固件的多钉连接形式,多排紧固件的钉子布置避免交错排列,应采用平行排列。

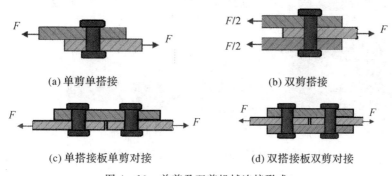

(a)单剪单搭接　　　　　　　　　　　(b)双剪搭接

(c)单搭接板单剪对接　　　　　　　　(d)双搭接板双剪对接

图 4-10　单剪及双剪机械连接形式

3.制孔质量的影响

复合材料构件机械连接装配时,需要加工出紧固件孔,制孔过程中,钻头对复合材料层压板的作用主要表现为轴向进给力,这一轴向力始终施加在待切削的材料表面,使得复合材料层压板各层沿厚度方向依次受到一种拉力,从而在孔壁周围材料层中产生一定的层间应力,这种层间应力越大,越容易出现分层和劈裂。图 4-11 所示为分层、边缘起毛、孔出口端劈裂等缺陷。

在复合材料构件机械连接装配时,需要加工出紧固件孔。采用传统钻削金属的方法制孔,存在以下问题:刀具磨损严重,耐用度低,碳纤维复合材料的硬度高(62～65HRC),相当于高速钢的硬度,因此对刀具的磨损特别严重,如用高速钢麻花钻钻碳纤维复合材料时,每个钻头钻 3～4 个孔就需重新刃磨;在钻孔时的粉尘污染会危害人体的健康,且碳纤维粉尘的导电性会使电气设备短路;孔的加工质量差,钻孔时的轴向力容易产生层间分层和出口端的分层。

钻头钻入复合材料板时,纤维在完全切断前将沿着螺旋槽上升,产生向上的剥离力,使未切除的部分产生剥离分层。钻头越接近出口平面,承受钻削推力的未切除材料的层数越少,横刃最先接触最底层,轴向力使钻孔边缘处发生分层。

据国外统计,飞机复合材料装配中,制孔缺陷造成的报废占所有报废零件的 60% 以上。孔的缺陷主要有孔不圆,孔的尺寸收缩,孔口劈裂、孔壁周围材料发生分层。

实践表明,制孔缺陷会使接头强度明显下降。在生产装配实践中发现,即使工艺过程中非常小心,但制孔缺陷仍然无法避免,如果制孔质量标准要求过严,则昂贵的复合材料制件将造成不必要的浪费,而过低的制孔质量要求则可能使复合材料结构在应用中出现提前破坏。所以通常根据试验结果制定出制孔质量标准。

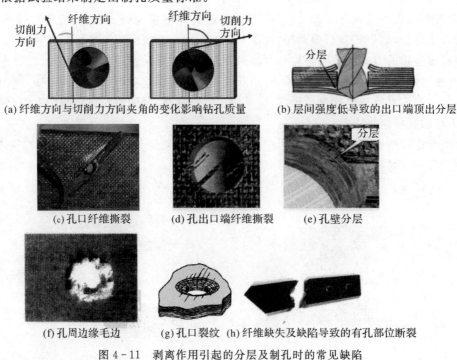

(a) 纤维方向与切削力方向夹角的变化影响钻孔质量   (b) 层间强度低导致的出口端顶出分层

(c) 孔口纤维撕裂   (d) 孔出口端纤维撕裂   (e) 孔壁分层

(f) 孔周边缘毛边   (g) 孔口裂纹   (h) 纤维缺失及缺陷导致的有孔部位断裂

图 4-11   剥离作用引起的分层及制孔时的常见缺陷

任务 3　熟悉机械连接工艺流程及质量控制

一、机械连接工艺流程

图 4-12 为两种机械连接示意图,图 4-12(a) 为铆接图,4-12(b) 为螺栓连接。

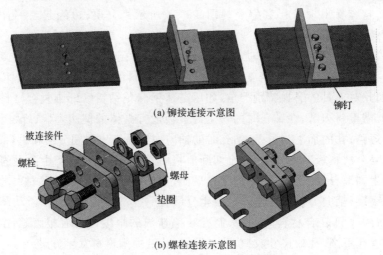

(a) 铆接连接示意图

(b) 螺栓连接示意图

图 4-12   零件机械连接示意图

机械连接装配的工艺过程为：装配前的准备工作—检查—试装、定位、确定余量线—修余量、清理夹层碎屑—在装配型架上进行安装和定位—制孔（钻孔、锪窝）—机械连接（螺接或者铆接）—质量检验，如图 4-13 所示。

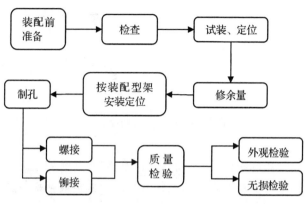

图 4-13　机械连接装配工艺流程

装配前的准备工作主要是检查工装是否完好，是否在有效使用期内。

检查复合材料制件时，复合材料制件交付状态必须符合图纸和工序要求。

确定孔位就是按产品图样上标注的铆钉位置尺寸确定铆钉孔的位置。确定铆钉位置的参数主要是铆钉孔的间距及铆钉孔的边距和排距，铆钉孔直径大小。

相邻两个铆钉中心之间的距离称为铆钉间距。铆钉孔的中心与所在零件边缘的距离称为边距。当产品图样上未给出铆钉边距要求时，最外侧边缘处的铆钉孔的边距取铆钉直径的 2.5 倍。铆钉排最后一个间距，不允许大于图样上规定的间距或小于规定间距的 50%，此时，将最后两个间距等分，该间距不应小于铆钉直径的 3 倍。铆钉排指在相同连接夹层上连续铆接同规格的一排铆钉。

铆钉孔边缘不应进入板弯件或型材的 R 圆弧内或靠近下陷区，以确保铆钉头不会搭在工件的 R 圆弧上，如图 4-14 所示。

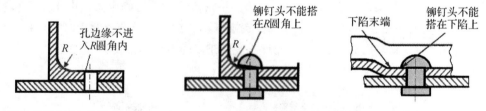

(a)孔边缘不应进入零件 R 圆角内　　　　　(b)铆钉头不能搭在零件 R 圆角上或零件下陷上

图 4-14　铆钉孔及铆钉头的位置

确定铆钉孔位置的方法有划线法、专用样板法、按导孔钻孔，按钻模钻孔。

划线定孔位是用手工划线后打样冲眼，然后钻孔的方法。划线时先按图样上孔的位置尺寸划出孔的两条垂直中心线，在孔中心线交点处打上中心样冲眼，并划出孔的圆周线，对直径较大的孔应划出几个大小不等的同心检查圆或方框，以便钻孔时的检查及校正孔位，如图 4-15所示。

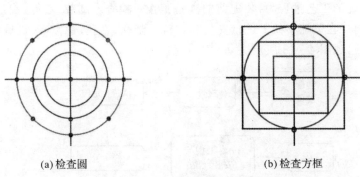

(a) 检查圆   (b) 检查方框

图 4-15   孔位检查圆或检查框

样板法确定孔位是先用样板定位,再用样冲冲眼,然后钻孔的方法。

钻模法是用钢质钻模板定位后直接钻孔的方法。用样板或钻模确定孔位时应注意定位基准的选择,检查铆钉边距。

划线时要求使用铅笔划线,在铝合金上使用 B～4B 铅笔,镁合金零件上应该用不含石墨的特种铅笔,不允许使用含有石墨的铅笔,不能用金属划针来划线,避免在复合材料制件表面产生划痕,确定孔位时划线要清楚,无用的线条要擦去,划线后必须检查无误后再钻孔。

二、试装配、定位、修余量

虽然绝大部分复合材料制件的交付状态为工程图纸的最终尺寸,但是为了满足装配协调的要求,往往在制件的周边留有一定的余量,预装配修合就是将复合材料制件装配到夹具上的正确位置上,初步定位后,再去除制件上多余的余量,达到图纸要求。

确定孔位时,孔边距排距边距应符合图样和技术条件要求。

为保证产品的形状和尺寸的准确性,装配可在体现产品尺寸和形状的专用工艺装备(装配型架、夹具)上进行。试装定位时,主要检查部件外形是否准确,部件相对位置或组合件与零件间的位置是否准确,重要的固定结合面是否贴合,如有不准确或不贴合时,需要协调工件与工件的位置或与装配型架的位置后确定出余量线,并按余量线进行修余量。由于复合材料本身特点,去除余量时往往会出现分层、剥落、纤维拉出等,为此一定要选择专用的工具和适用的工艺方法去除余量。试装时必须注意:不允许出现强迫定位和强迫装配。

图 4-16 所示为某工件装配时的装配托架。

图 4-16   装配托架

三、制孔

机械连接工艺过程主要包括：制孔、螺接或铆接两个过程。机械连接强度与这三个工艺过程的质量密切相关。

制孔设备及工具如图 4－17 所示。

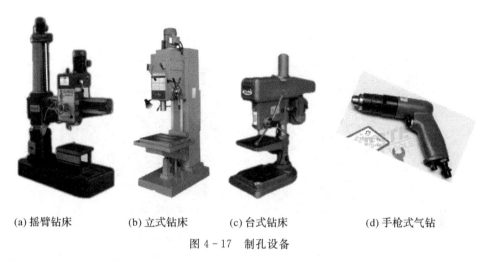

(a) 摇臂钻床　　　　(b) 立式钻床　　　　(c) 台式钻床　　　　(d) 手枪式气钻

图 4－17　制孔设备

制孔工艺包括钻孔、扩孔、铰孔、锪窝四项内容，如图 4－18 所示。（具体操作工艺见后续章节）

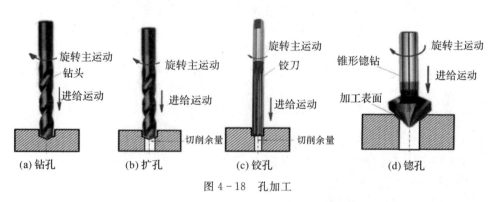

(a) 钻孔　　　　(b) 扩孔　　　　(c) 铰孔　　　　(d) 锪孔

图 4－18　孔加工

钻孔是用钻头在实体材料上加工孔，加工精度低，孔壁粗糙。扩孔是用钻头对已加工孔的直径进行扩大，由于切削量小，加工精度有所提高。铰孔采用铰刀对已有的孔进行精加工。

四、螺接

螺接具有结构简单装拆方便、采用标准紧固件、连接成本低的特点，是最常见的连接方式。螺接主要有螺纹连接和螺栓连接两种方式。

（1）螺栓连接只需要在零件上制光孔，在孔内穿入螺栓杆用螺母拧紧即可。螺栓连接安装及拆卸都比较方便，光孔对复合材料结构件的损伤较小，所以受力较大的复合材料结构的螺接工艺通常采用螺栓连接。

（2）螺纹连接通过制品嵌件上的螺纹与另一制品连接，或在制品上连接部位钻孔后攻螺纹实现连接。由于复合材料结构连接件的层间强度低，攻丝时容易出现出现崩扣和掉渣现象，因此实际装配时通常采用在被连接件上预埋螺钉的方式，即镶嵌件连接。

螺接时由于锪窝容易造成复合材料结构件孔边周围的损伤，降低连接强度，最好在螺母下加金属垫圈，以防拧紧力矩过大造成复合材料表面出现凹坑和裂纹等缺陷。

通常采用测力扳手或定扭矩扳手测定拧紧力矩的大小，使预紧力达到给定值，方法简单，但误差较大，适合于中小型螺栓的紧固。

对于夹层结构的 T 形接头采用螺接，还需要加上角材和盖板，如图 4-19 所示。

(a) 螺栓连接 　　　　　　　　　　　(b) 夹层结构用镶嵌螺钉

图 4-19　螺接

1.复合材料普通螺栓安装

在复合材料结构内部的连接中，也常用到大量普通螺栓，其安装工艺和所用工具与金属结构相同。只是选择螺栓材料时应考虑电偶腐蚀问题。对碳纤维复合材料结构，最好选用钛螺栓。在普通螺栓安装中，常遇到多钉连接情况。安装时，不宜逐一地将单个螺栓一次拧紧，而应均衡、对称地将所有螺栓拧紧，直至达到规定的拧紧力矩值。对缝内密封的螺栓，需分两次拧紧。初次拧紧必须在密封剂活性期内完成，重拧必须在初次拧紧后 20 min 内进行。两次拧紧须在密封材料施工期内完成。

2.螺接装配要点

（1）螺母或螺栓与工件贴合面要光洁平整。

（2）要保持螺栓或螺母与接触表面 的清洁。

（3）螺栓孔内的脏物、碎屑要清理干净。

（4）必须按一定的拧紧力矩拧紧。

（5）凡有振动的螺纹连接，都必须采用防松装置。紧固后做好标记，以便后期能及时发现偏移。

（6）拧紧成组螺母时要分次逐步拧紧（一般不少于 3 次），并且在拧紧时，应根据零件形状、螺栓的分布情况，按一定的顺序拧紧螺母，如图 4-20 所示。

（7）紧固后，螺母外的螺栓杆上应留有 1.5~5 个螺距。

（8）螺栓连接过程中应防止碰伤螺纹，防止复合材料损伤。

3.夹芯结构连接用的镶嵌件简介

夹芯结构的面板较薄，夹芯层局部抗挤压能力较弱，为提高局部的抗挤压和抗拉脱能力，通常采用各种形式的镶嵌件进行局部加强。

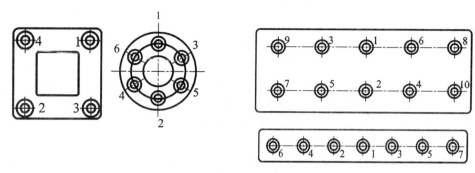

图 4-20　成组螺纹连接拧紧顺序简图

按照镶嵌件在夹芯结构中的固定方法,有以下 3 种类型。

A 型:镶嵌件与夹芯结构共固化,称为前置式,用于组合件装配前已经确定孔位的单钉连接,拉伸剪切刚度均可。

B 型:在已经压制好的夹层结构上制孔,将镶嵌件放入后用填充胶固定,称为后置式。该型性能不如 A 型。

C 型:用机械夹持或带有螺纹的衬套拧入加工好的夹层结构中。由于不与芯直接胶接,承载能力较低,应用较少。

A、B 型应用较广。

镶嵌件按形状主要有以下几种类型:

(1)充填混合物:承载不大的连接部位,直接在其周围充填强度相当的混合物,称为充填胶、混合胶、填充料等。这种方法简单,但孔的挤压强度受充填胶的限制,故一般用于受载不大的部位。

(2)镶嵌垫块:主要为了提高夹层板的局部承压能力。材料有金属、非金属、高密度蜂窝等。镶嵌垫块一般为预置式。面积较大的实心垫块可以加减轻孔。

(3)镶嵌杯形件及碗形件:为提高局部承载,在充填胶固化后可镶嵌杯形件或碗形件,以改善受力,防止孔边面板铺层的损伤或开胶。碗形件:用于安装受拉力较大的六角头螺栓,防止螺栓头露出夹层板平面,在座舱地板上多用。

(4)镶嵌衬套:主要用来提高挤压强度,拉脱强度也有提高。常用镶嵌衬套有单管衬套、沉头衬套、凹窝衬套、双凸缘衬套。单管式最简单,可提高孔的挤压强度,适合受剪切场合,受拉载荷不利,故应用有限。

(5)镶嵌螺母:镶嵌螺母具有较高的抗挤压和抗拉脱能力,且有自锁功能,使用中起到托板螺母的作用,固定可靠,使用方便。用于夹层结构的镶嵌螺母有通孔型和盲孔型两种。镶嵌件如图 4-21 所示。

(a)镶嵌螺杆

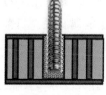
(b)镶嵌螺杆示意图

(c)镶嵌螺母

图 4-21　镶嵌件

五、铆接

用铆钉将两个零件或构件连接在一起的工艺过程称为铆接。其利用工具使铆钉杆产生塑性变形形成镦头,使两个零件连接成为一个整体。铆接操作工艺容易掌握,质量容易检查并且稳定,连接比较可靠,不仅能适应各种不同材料之间的连接,而且由于铆接工具小巧灵活,还可用于不够开敞及复杂结构的场合,因此铆接是飞机结构中应用最为广泛的连接方式。

铆接常分为密封铆接、特种铆接、普通铆接三大类型。密封铆接是在结构中有防漏要求的部位采用的,用不同的密封方式来防止泄露的铆接连接形式;特种铆接是采用不同于普通铆接方法的特种铆钉进行连接。普通铆接是飞机结构中最常用的铆接形式,在结构中没有特殊要求的部位,采用普通凸头或沉头铆钉进行连接,其中铆钉是铆接结构中最主要的连接介质。普通铆钉由铆钉头和圆柱形铆钉杆组成,铆接时,将铆钉放入铆钉孔内,通过外力使伸出被连接件外的那部分铆钉杆产生塑性变形、镦粗形成凸头(故称之为镦头),从而形成连接。

铆接连接的工艺流程通常是:准备→定位夹紧→确定孔位→制铆钉孔→锪埋头窝→在孔中安放铆钉→铆接→检查。

普通凸头及沉头铆钉的主要铆接过程是制铆钉孔(锪窝)→放铆钉→铆接,如图 4 - 22 所示。

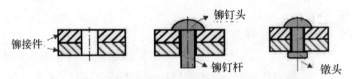

(a) 凸头铆钉铆接过程:制铆钉孔→放铆钉→铆接

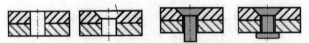

(b) 沉头铆钉铆接过程:制铆钉孔→锪窝→放铆钉→铆接

图 4 - 22　普通铆钉铆接过程

1.铆钉类型

根据铆钉材料不同,铆钉可以分为铝合金铆钉、钢铆钉、钛合金铆钉。早期飞机钛合金的零件较少,且铆接技术达不到要求,故大量使用铝合金和钢铆钉。随着技术的进步,钢材料在飞机结构中的数量很少,故钢铆钉目前不常用。

目前飞机上铝合金结构主要采用铝铆钉和钛合金铆钉,常用 LY1,LY10,LF10,ML18,1Cr18Ni9Ti。

碳纤维复合材料结构上的连接铆钉材料要求不仅具有良好塑性,以满足铆接装配工艺要求,还要求具有较高的比强度,能防止电偶腐蚀。目前符合要求的铆钉材料有钛合金、纯钛和钛铌铆钉。在非受力构件上从降低重量和成本也可以用少量的铝合金,但铆接时需湿装配以防电位腐蚀。

根据铆钉外形几何尺寸不同,铆钉可以分为普通铆钉、特种铆钉和其他铆钉。

普通铆钉包含沉头和凸头两种类型,凸头铆钉分平锥头和圆头铆钉两种,沉头铆钉有90°沉头和120°沉头铆钉,如图 4-23(a)~(d)所示。

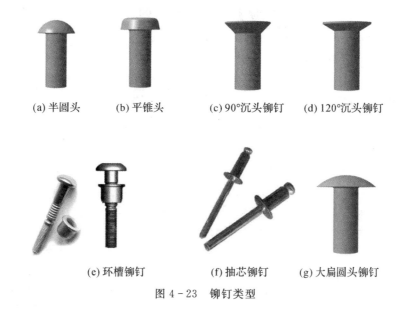

   (a) 半圆头　　　(b) 平锥头　　　(c) 90°沉头铆钉　　(d) 120°沉头铆钉

    (e) 环槽铆钉　　　　　(f) 抽芯铆钉　　　　(g) 大扁圆头铆钉

图 4 - 23　铆钉类型

  特种铆钉种类繁多,使用较多的有环槽铆钉、抽芯铆钉等,其他铆钉包括大扁圆头、螺纹空心铆钉、无头铆钉。

  环槽铆钉是由一个带螺纹的钉杆和一个套环组成,这种铆钉铆接完成后形成高强度夹紧力,不易松动且具有防震功能,能够替代常规的螺栓螺母,经常被用来取代焊接,如图 4 - 23(e)所示。

  图 4 - 23(f)所示抽芯铆钉主要用于单面铆接(不利于双面进行铆接操作)的场合。其在飞机上主要用于下蒙皮区域,在飞机内部也有应用,用来解决封闭区域无法铆接的问题。

  其他铆钉中,大扁圆头铆钉主要用于非金属材料的铆接场合,如图 4 - 23(g)所示;螺纹空心铆钉重量轻,钉头弱,用于载荷不大的非金属材料的铆接场合;无头铆钉主要用于非金属材料的铆接场合;冠头铆钉为新型铆钉,主要用于进气道区域有密封要求的地方,孔多采用过盈配合;钛合金铆钉主要用于连接钛合金零件。

  国内航空标准适用于普通铆接的铆钉主要是平锥头、半圆头、大扁圆头、沉头铆钉。

2.铆钉牌号及头部标识

  铆钉牌号识别:例如 HB 6230 - 4×10。其中 HB 为标准代号,表示此标准为航空标准,类似的还有波音标准(BAC),国家标准(GB),陆军海军(Army/Navy,AN)标准,美国军用标准(Military Standard,MS),美国国家航空标准(National Aerospace Standard,NAS)。6230 为铆钉代号,以区别不同的铆钉,由标准制定单位约定给出,6230 是材料为 2A01 的半圆头铆钉代号。4×10 为铆钉尺寸规格,单位为 mm,用铆钉杆直径×铆钉长度表示。HB 6230 - 4×10 即表示材料为 2A01 的半圆头铆钉,铆钉杆直径为 4 mm,铆钉长度为 10 mm。

  铆钉头部标识:铆钉材料一般标记在铆钉头部,一般为凸起标记,但半圆头、大扁圆头及车制铆钉允许凹下。HB 6444—2002 中的标志见表 4 - 6。

表 4 - 6　HB 6444 - 2002

材料	LY1	LY10	LF10	LF21	L4	ML20MnA	ML18 ML15 ML10	ML1Cr18 Ni9Ti	H62	T3	7050
标志	⊙	◯	⊙⊙	⊙⊙⊙	−	⊙	◯	◯	◯	◯	⊙⊙⊙⊙

3.普通铆钉规格

(1)半圆头铆钉。航空标准 HB/Z 223.3—2003 给出的半圆头铆钉牌号范围为:HB 6229～HB 6238。半圆头铆钉规格及标记见表 4 - 7,半圆头铆钉基本尺寸见表 4 - 8。

表 4 - 7　半圆头铆钉 HB 6229～HB 6238 规格及标注　　　　单位:mm

名　称	代　号	材　料	限用直径	标记示例: $d=4,L=10$
半圆头铆钉	HB6229	L4	1～6	HB6229 - 4×10
	HB6230	2A01(LY1)	2～6	HB6230 - 4×10
	HB6231	2A10(LY10)	2.5～10	HB623 - 4×10
	HB6232	5B05(LF10)	2～10	HB6232 - 4×10
	HB6233	3A21(LF21)	2～6	HB6233 - 4×10
	HB 6234	ML18	2～10	HB6234 - 4×10
	HB 6235	ML20MnA	3～10	HB6235 - 4×10
	HB 6236	(1Cr18Ni9Ti)	2～6	HB6236 - 4×10
	HB 6237	H62		HB6237 - 4×10
	HB 6238	H62 防磁	24	HB6238 - 4×10
	HB6239	T3		HB6239 - 4×10

表 4 - 8　半圆头铆钉基本尺寸　　　　单位:mm

	基本尺寸	1	1.4	1.6	2	2.5	3	3.5	4	5	6
d	极限偏差				+0.10 0						+0.15 0
D	基本尺寸	1.8	2.5	3.0	3.5	4.6	5.3	6.3	7.1	8.8	11.0
	极限偏差	±0.20				±0.24		±0.29			±0.35
H	基本尺寸	0.6	0.8	1.0	1.2	1.6	1.8	2.1	2.4	3.0	3.6
	极限偏差	±0.10			±0.20						±0.24
R		1.0	1.4	1.6	1.9	2.5	2.9	3.4	3.8	4.7	6.0
铆钉长度 L		2～10	2～12	3～15	3～16	4～20	5～24	6～28	6～32	8～40	10～40
	规格:2,3,4,5,6,7,8,9,10,11,12,13,14,15,16,17,18,19,20,22,24,26,28,30,32,34,36, 38,40,42,44,46,48,50,52,54,56,58,60										

(2)平锥头铆钉。航空标准 HB/Z 223.3 - 2003 给出的平锥头铆钉牌号范围为:HB 6297—HB 6303 - 2002,见表 4-9。平锥头铆钉基本尺寸见表 4-10。

表 4-9　平锥头铆钉 HB 6297～HB 6303—2002 规格及标记　　　单位:mm

名　称	标准号	材　料	限用直径	标记示例:$d=4,L=10$
平锥头铆钉 半径0.3 7.2　4 10	HB 6297	LY1	2～6	HB6297—4×10
	HB 6298	LY10	2.5～10	HB6298—4×10
	HB 6299	LF10	2～10	HB6299—4×10
	HB 6300	LF21	1～6	HB6300—4×10
	HB 6301	ML18	1～10	HB6301—4×10
	HB 6302	ML20MnA	3～10	HB6302—4×10
	HB 6303	1Cr18Ni9Ti	2～6	HB6303—4×10

表 4-10　平锥头铆钉基本尺寸　　　单位:mm

	基本尺寸	1	1.4	1.6	2	2.5	3	3.5	4	5	6
d	极限偏差	+0.10 0								+0.15 0	
D	基本尺寸	1.8	2.5	3.0	3.6	4.5	5.4	6.3	7.2	9.0	10.8
	极限偏差	±0.20			±0.24			±0.29		±0.35	
H	基本尺寸	0.6	0.8		1.0	1.3	1.5	1.8	2.0	2.5	3.0
	极限偏差	±0.10			±0.20						
$r1$(不大于)		0.7						1.0			
平锥头铆钉长度 L		2～10	2～12	3～15	3～16	4～20	5～24	6～28	6～32	8～40	10～40
		规格:2,3,4,5,6,7,8,9,10,11,12,13,14,15,16,17,18,19,20,22,24,26,28,30,32,34, 36,38,40,42,44,46,48,50,52,54,56,58,60									

(3)90°沉头铆钉。航空标准 HB/Z 223.3—2003 给出的 90°沉头铆钉的牌号范围为:HB 6304～ HB 6314—2002(见表 4-11)。沉头铆钉的几何信息和热处理信息与平锥头类似,如果需要某种铆钉的详细制造信息,可以查阅相应的铆钉规范,需要注意版本信息。

表 4-11　90°沉头铆钉 HB 6304～ HB 6314—2002 规格及标记　　　　单位:mm

名　称	标准号	材料	限用直径	标记:$d=3,L=6$
90°沉头铆钉	HB 6304	L4	1～6	HB 6304－3×6
	HB 6305	LY1	1.4～6	HB 6305－3×6
	HB 6306	LY10	2.5～10	HB 6306－3×6
	HB 6307	LF10	2～8	HB 6307－3×6
	HB 6308	LF21	2～6	HB 6308－3×6
	HB 6309	ML18	1～10	HB 6309－3×6
	HB 6310	ML20MnA	3～10	HB 6310－3×6
	HB 6311	(1Cr18Ni9Ti)	2～6	HB 6311－3×6
	HB 6312	H62		HB 6312－3×6
	HB 6312	H62 防磁	1～4	HB 6312－3×6
	HB 6312	T3		HB 6312－3×6

(4)120°沉头铆钉。航空标准 HB/Z 223.3—2003 给出的 120°沉头铆钉的牌号范围为:HB 6315～HB 6319—2002,见表 4-12。

表 4-12　120°沉头铆钉基本尺寸　　　　单位:mm

名　称	标准号	材　料	直径	标记示例:$d=3,L=6$ 时
	HB 6315	LY1	2.5～6	HB 6315－3×6
	HB 6316	LY10	2～8	HB 6316－3×6
	HB 6317	LF10	2.5～4	HB 6317－3×6
	HB 6318	ML18	2～8	HB 6318－3×6
	HB 6319	1Cr18Ni9Ti	2～6	HB 6319－3×6

(5)铆钉长度选择:HB6444—2002。铆接时铆钉所需的长度应根据铆钉直径、铆接件的总厚度和铆接形式确定。合适的铆钉长度是保证铆接质量的前提,铆钉过短会造成镦头偏小,若铆钉过长铆钉杆容易弯曲也会造成铆接缺陷。

1)标准镦头的凸头铆钉及单面锪沉头的铆钉长度如图 4-24 所示。铆钉长度 L 等于铆接件的总厚度与铆钉伸出长度之和。

铆钉长度 L 可以按表 4-13 中的经验公式计算。$\Sigma\delta$ 为铆接件夹层厚度,d 为铆钉直径,单位均为 mm。

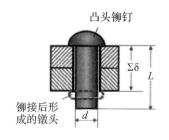

(a) 凸头铆钉铆钉长度

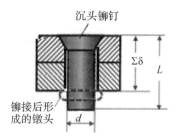

(b) 单面沉头铆钉长度

图 4-24　标准镦头的凸头及单面沉头铆钉长度示意图

表 4-13　铆钉长度计算公式　　　　　　　　　　单位:mm

铆钉直径 d	2.5	3	3.5	4	5	6	7	8
铆钉长度 L	$\Sigma\delta+1.4d$		$\Sigma\delta+1.3d$		$\Sigma\delta+1.2d$		$\Sigma\delta+1.1d$	

铆钉长度 L 的计算公式为

$$L = d_{min} + \frac{d_{0\ max}^{2}}{d_{min}^{2}} \times \Sigma\delta$$

式中:L——铆钉长度,mm;

　　d_{min}——铆钉最小直径,mm;

　　$d_0 max$——铆钉孔最大直径,mm。

参考表 4-14 选择标准铆钉长度。

表 4-14　标准铆钉长度选择　　　　　　　　　　单位:mm

d	2.5 2.6	3.0	3.5	4.0	5.0	6.0	7.0
Σδ	铆钉长度 L						
1	4	5		6			
2	5	6	6	7	8		
3	6	7	7	8	9	10	
4	7	8	8	9	10	11	12 13
5	8	9	9	10	11	12	
6	9	10	10	11	12	13	14
7	10	11	11	12	13	14	15
8	11	12	12	13	14	15	16
9	12	13	13	14	15	16	17
10	13	13	14	15	16	17	18

2)标准镦头的铆双面沉头铆接钉长度示意图,如图 4-25 所示。铆钉长度的计算公式为

$$L = \Sigma\delta + (0.6 \sim 0.8)d$$

式中:L——铆钉长度;

　　Σδ——铆接件夹层厚度;

　　d——铆钉直径,系数 0.6~0.8,一般情况系数选较小值 0.6,铆钉材料强度高于被连接件材料或被连接件厚而铆钉直径较小时,选较大值 0.8。

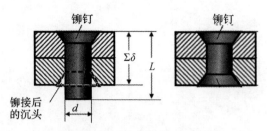

图 4-25 双面沉头铆钉长度示意图

铆接和螺栓连接都是机械连接。与螺栓连接的不同之处在于,在铆接过程中,铆钉杆伸出板的部分会产生较大的塑性变形,以形成铆钉墩头,铆钉杆的不均匀变形将对复合材料孔口处的孔周端面及孔壁造成一定挤压。

铆钉按钉杆镦粗情况的不同,可分为钉杆镦粗的铆接和钉杆局部变形的铆接。钉杆镦粗的铆接指实心铆钉的铆接。钉杆局部变形的铆接指空尾铆钉、半管状铆钉及双金属铆钉的铆接。

对于不同的铆钉,实际操作工艺略有不同。

(1)普通实心铆钉铆接。铆钉由圆柱形铆钉杆和铆钉头组成,是铆接结构中最主要的连接件。铆接时,将铆钉放置于铆钉孔内,通过外力的作用使铆接件外的那部分铆钉杆产生镦挤变形形成凸起(称其为镦头),从而形成连接。

普通实心铆钉铆接时的工艺过程一般包括钻孔、锪窝、放置铆钉、夹紧被连接件及施铆四个操作步骤,一般需要在被连接件的两面进行操作。这些操作可以用手工工具、机械或自动化钻铆设备来完成。凸头铆钉铆接过程为:制铆钉孔→放铆钉→铆接。沉头铆钉铆接时在钻孔后还需要锪窝。

(2)空心铆钉铆接。为避免钉杆镦粗而造成基体孔壁的损伤,半空心铆钉应运而生。这种铆钉仅钉尾产生变形,而主杆部分基本不膨胀,它既能使两板牢固地连接在一起,又不至于损伤孔壁。

铆接时将铆钉插入孔中,成形铆模放在铆接机上,在铆接力作用下仅使钉尾产生变形,在100°的埋头窝内形成镦头,而钉杆部分基本不膨胀。空尾铆钉的铆接成形如图 4-26 所示。

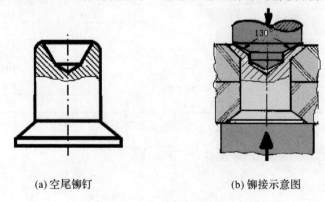

(a)空尾铆钉   (b)铆接示意图

图 4-26 空尾铆钉的铆接成形

安装质量要求：

1)钉的喇叭形尾部不得有肉眼可见的开裂。

2)喇叭形尾部轴线不得偏离钉轴中心 1 mm 以上。

3)空尾铆钉成形后应与板平齐，当两个端面凸出量超过 0.381 mm 时，需要进行铣削，并保证凸出量＜+0.127 mm。

4)铆钉头铣削后若有下陷，则下陷不低于 0.254 mm。

5)在任何部位，不得有多于 25% 的铆钉被铣削。

(3)半管状铆钉铆接工艺。半管状铆钉，钉尾也有一空心段，但在其连接的复合材料被连接件上、下表面均不锪窝，铆接时，在安装载荷及成形模的作用下形成帽形镦头。半管状铆钉主要用于内部结构。半管状铆钉的铆接成形如图 4-27 所示。

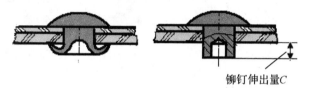

铆钉伸出量C

图 4-27 半管状铆钉的铆接成形

安装质量要求：

1)安装半管状铆钉，必须使钉尾翻边折向板的底面形成镦头，如图 4-27 所示。

2)若铆镦头径向开裂不引起复合材料结构表面损伤，可以认为合格，若引起与镦头接触的复合材料板开裂，应视为铆接不合格。

任务 4 掌握复合材料钻孔、压铆及拉铆连接技术

由于复合材料(特别是碳纤维复合材料)脆性大、层间强度低和抗冲击能力低，复合材料层压板较厚时一般不用铆接而采用螺接。但因铆接成本低、重量轻、工艺简单且适于用自动钻铆机进行自动化装配，所以在一些非受力或承力不大，并且不需要拆卸的部位上，应用得也比较普遍。如蒙皮和桁条、梁腹板与肋腹板之间的连接角材等都是用铆钉作为紧固件。

本节介绍碳纤维复合材料零件上的钻孔及铆接技术。

一、碳纤维树脂基复合材料的钻孔技术

制孔时为获得良好的孔径、满足装配要求，特别需要应注意制孔工艺：

(1)按图纸确认：孔的直径、位置及数量。

(2)钻孔刀具尺寸：按铆钉杆直径+0.2 mm 选择终孔尺寸。由于钻孔精度低，通常采取钻后扩孔铰孔的方式提高钻孔质量。对于孔直径大于 6 mm 的，需要铰孔。

例如：孔径 4.1 mm，可不铰孔，先钻初孔 2.6 mm，扩孔 3.2 mm，扩孔 4.1 mm，若采用铰孔，留铰削余量 0.1 mm，注意：每钻一次孔应清理上一道钻孔的碎屑及杂质。

(3)钻孔时保证孔的位置可以利用钻模、引孔器、钻孔导向块等。

(4)保证孔的垂直度可以利用钻孔导套、衬套、航空套杯,如图 4-28 所示。

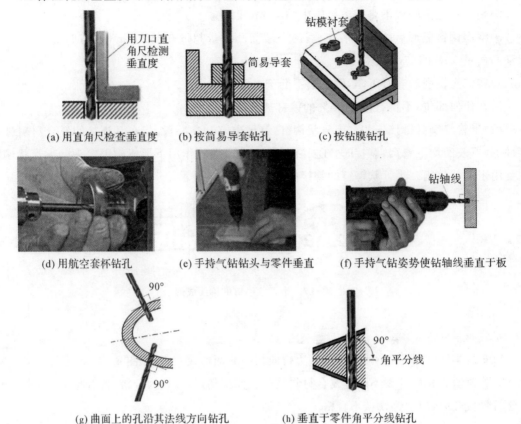

(a)用直角尺检查垂直度　(b)按简易导套钻孔　(c)按钻膜钻孔

(d)用航空套杯钻孔　(e)手持气钻钻头与零件垂直　(f)手持气钻姿势使钻轴线垂直于板

(g)曲面上的孔沿其法线方向钻孔　(h)垂直于零件角平分线钻孔

图 4-28　保证孔的垂直度

(5)保证沉头孔的深度可以用锪窝定深器。碳纤维复合材料构件锪窝用硬质合金或锪窝钻,钻速 500～800 r/min,为防止纤维表面劈裂,锪窝钻应旋转后接触工件。还可在钻孔表面粘贴胶带,锪窝后去除。玻璃纤维复合材料可用普通锪窝钻。

(6)制孔后铆接前必须分解结构、去除毛刺和清理钻孔碎屑。

(7)制孔过程中产生的粉尘必须用吸尘器及时吸除,并应戴口罩进行操作。

(8)与金属材料制孔不同,复合材料制孔要求使用一次性支撑底板或钻孔垫板,垫板的材料最好和制件的材料相同,也可以使用其他材料,如硬质木板及塑料板等一般不用金属垫板。垫板必须夹紧于制孔件的背面,需要时还可以填一层适用的填料,如室温固化胶黏剂,确保复合材料制件与垫板制件间的空隙完全填充,这样可以有效地防止钻孔出口端表面纤维分层和纤维损伤缺陷。

(9)必须使用锋利的切削刃、普通钻头不适用于碳纤维复合材料制件的钻孔,通常选择硬质合金刀具或金刚石涂层刀具。碳纤维复合材料采用普通高速钢钻孔时,切削刃磨损很快,刀具不够锋利时,很容易引起复合材料钻孔缺陷。制孔铆接设备及工具见表 4-15,所用刀具如图 4-29 所示。

表 4 - 15　制孔铆接设备及工具

类　型	名　称	作　用
设备	台钻、高速手风钻(转速17 500 r/min)、可控进给钻(转速4 000 r/min)	钻孔
	压铆机、普通铆枪、专用铆枪	铆接
	吸尘器	防止粉尘危害,必须吸尘
刀具、工具	硬质合金麻花钻(规格 $\phi3\sim\phi6$ mm,转速4 000 r/min)	钻孔
	硬质合金铰刀(规格 $\phi4\sim\phi6$ mm,转速1 800 r/min)	铰孔
	硬质合金锪窝钻(转速800 r/min)	锪窝
装配辅助材料	锌黄底漆	用于铆钉头防腐,高锁螺栓拧断后涂覆
	垫块、聚氯乙烯硬塑料板	在孔出口端放在零件表面支撑用以防分层
	玻璃钢布	粘贴于出口端,防止钻孔时分层
	特种铅笔	画线用,以防损伤纤维
	砂纸 240#	去毛刺

(a) 钻夹头钥匙及钻夹头　　　　(b) 铰刀　　　(c) 锪窝钻　　　(d) 麻花钻

图 4 - 29　钻头、铰刀、锪窝钻

(10)碳纤维复合材料构件上钻孔切削速度。钻 $\phi3\sim\phi12$ 的通孔均使用硬质合金麻花钻,推荐转速为 3 500 r/min～6 000 r/min,进给量0.01～0.06 mm/r。为防止钻孔时的孔出口面产生分层,在出口面垫上聚氯乙烯硬塑料板,垫板应与零件贴紧,并在将钻透时放慢进给速度。若结构不敞开,无法加垫板时,应在孔的出口面用快速固化胶或零件本身专用树脂体系粘贴一层玻璃布,可防止表层的剥离。钻头几何参数见表 4 - 16,钻孔工艺参数见表 4 - 17。

表 4 - 16　钻头几何参数

顶角	110～120°
后角	10～25°
横刃宽	0.1d～0.3d
螺旋角	25～30°

表 4 - 17　钻孔工艺参数

钻头直径/mm	钻削速度/(r/min)	进给量/(mm/r)	切削温度/℃
2.6～5	2 500～4 000	0.02～0.05	40±5
6～8	1 000～2 500	0.02～0.05	40±5
10～14	500～1 000	0.02～0.05	40±5

注:当切削温度>120℃时,复合材料发白变黄,应避免崩刃及磨损刀具。

(11)在混合件夹层上钻孔。应优先采用从金属件侧进行钻孔(如:从铝或钛板面钻向复合材料),孔出口处应垫胶木或硬木垫块进行支撑,以防出口面分层。

若需从复合材料面钻入,应先钻小孔再加大,可不加垫板支撑。为防止金属切削划伤复合材料孔壁,应注意断屑。钻铝时的转速为 1 500~3 500 r/min,钻钛和钢时的转速为 500~1 800 r/min。

为防止电偶腐蚀,碳纤维应尽量避免与铝板直接接触,必要时可以加玻璃纤维布隔离,或者使用钛合金件。

1.铰孔

如需铰孔,钻孔时应留出铰孔余量 0.15~0.4 mm,然后用铰刀铰至最终尺寸,转速 800 r/min,边给速度 0.01~0.05 mm/r。孔径大小见表 4-18。

表 4-18　铰孔时钻底孔直径及铰刀直径

孔径/mm	3	3.5	4	5	6	8	10
钻孔 H11	2.9	3.4	3.8	4.8	5.8	7.9	9.8
铰孔 H9	3	3.5	3.9	4.9	5.9	7.9	9.9
铰孔 H8	—	—	4	5	6	8	10

2.锪窝

锪窝是指在已加工的孔口表面加工沉头孔或凸台平面。

(1)应尽量将钻孔出口面放于锪窝面。

(2)对碳纤维复合材料构件的锪窝,应用硬质合金锪窝钻或金刚石锪窝钻。

(3)使用硬质合金锪窝钻,转速为 500 r/min,金刚石锪窝钻,转速为 800~1 400 r/min。为防止表面纤维劈裂,锪窝钻必须在旋转后接触工件。

(4)锪窝深度应用限位器控制,试锪合格后方可使用。

(5)孔需要倒角时,用金刚石锪钻,倒角转速 500 r/min。

用锪窝限位器调节锪窝深度,如图 4-30 所示。

锪窝操作视频链接

图 4-30　用锪窝限位器调节锪窝深度

3.制孔质量要求

(1)孔径、沉头窝的尺寸及公差,钻孔及锪窝表面粗糙度,应符合设计图样、技术条件等的要求。钻孔锪窝不大于 $Ra6.3\ \mu m$,铰孔不大于 $Ra3.2\ \mu m$。

(2)孔轴线应垂直于零件表面,垂直度偏差不大于 2°。若孔的偏斜使铆钉头与零件贴合面间产生间隙,则单面间隙应符合规定值。铆钉直径<3.5 mm 时,间隙<0.12 mm,铆钉直径<5 mm 时,间隙<0.2 mm。

(3)孔的各部位质量要求见表 4-19。

表 4 - 19　孔的各部位质量要求

孔各部位质量要求部位	部　位	要　求
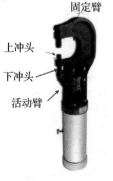（标注：1 2 4 3 5）	孔口表层	表面层没有分层,孔边缘毛刺应清除
	埋头窝部位	埋头窝与孔的同轴度＜0.08mm
	孔壁	孔壁损伤允许范围
	孔出口处及边缘	必须清除孔出口边缘及孔夹层边缘的毛刺
		孔出口处撕裂损伤允许范围

（4）孔连接部位制孔后应进行无损探伤。

（5）孔壁允许损伤范围:深＜0.25 mm,宽＜0.3 mm,长度＜孔或埋头窝圆周长的 25%。

（6）孔出口层的撕裂范围:总长＜3 d,宽＜1.8 mm,深度＜0.2 mm。

（7）由分层劈裂和碎屑引起的孔边损伤范围见表 4 - 20,h 孔边缘损伤厚度,b 孔边缘损伤宽度。

表 4 - 20　孔的分层允许范围

孔径/mm	2.5	3	3.5	4	5	6	8	10	12
h_{max}/mm	0.4	0.4	0.4	0.4	0.4	0.4	0.4	0.4	0.4
b_{max}/mm	1.3	1.3	2.0	2.0	2.5	2.5	3.0	3.0	5.0

二、复合材料压铆连接技术

压铆是利用压铆机产生的静压力将铆钉杆镦粗形成镦头的一种铆接方法。压铆的铆接件表面质量好、变形小、连接强度高,在复合材料铆接实际操作中,只要结构工艺允许,应优先采用压铆。

压铆的典型工艺流程为:装配件的定位和固定→制铆钉孔→锪沉头窝(沉头铆钉)→分解去除毛刺并清理→重新定位固定→试铆、放入铆钉压铆→补铆→检验→排除故障更换不合格铆钉。

压铆时应根据产品不同的结构形式和铆缝特点正确选择压铆机和压铆模进行铆接。

图 4 - 31(a)为手提式压铆机,图 4 - 31(b)为固定式压铆机。手提式压铆机受钳口尺寸和形状的限制,一般适用于零件结构边缘铆缝的单钉压铆。固定式压铆机适用于框、梁、肋平面类小型组件的铆接。

（标注：固定臂　上冲头　下冲头　活动臂）

(a)手提式压铆机　　　　(b)固定式压铆机

图 4 - 31　压铆机

1.确定普通铆钉直径

铆接时铆钉直径的大小和被连接板的最小厚度有关。铆钉直径一般取板厚的1.8倍,并按标准铆钉的直径选取,铆钉直径也不宜过大,一般不超过4 mm,否则铆钉成型困难,且容易造成复合材料制件损伤。

由于碳纤维树脂复合材料铆接抗冲击能力差,用实心铆钉铆接碳纤维复合材料结构时,铆接时一般只用压铆,禁止锤铆,也不允许大干涉量。为减少干涉量,孔径应大于钉径0.2 mm,若在复合材料侧形成镦头,则应加金属垫圈,垫圈内径应小于等于孔径。

铝铆钉价格便宜,工艺性好,适用于玻璃纤维和凯芙拉纤维复合材料结构。铆接制孔孔径参数见表4-21。

表4-21 铝实心铆钉铆接参数(GB/T 38825-2020)

标准铆钉直径 d/mm	铆钉孔径 D/mm	铆钉镦头参数/mm	
		镦头最小高度 h	镦头直径 $D1$
2.0	2.2	0.6	2.8±0.2
2.5	2.7	0.75	3.5±0.25
3.0	3.2	0.9	4.2±0.3
3.5	3.7	1.05	4.9±0.35
4.0	4.3	1.2	5.6±0.4

2.选择普通铆钉长度

如图4-32所示为铆钉铆接镦头形成的示意图,铆钉镦头是由伸出连接板外的铆钉杆在铆接后镦粗而成的,因此铆钉长度不能太短也不宜过长,铆钉长度太短镦头高度不足或者镦头高度满足而镦头尺寸偏小,一般要求铆钉镦头的最小高度 h_{min} 为 $0.4d$。铆钉长度太长则铆钉杆形成镦头时容易弯曲,导致镦头与钉杆同轴度差。普通铆钉长度等参数及铆接质量要求见表4-22。一般要求钉杆与镦头的同轴度小于0.6 mm。

一般铆钉直径 $d \leqslant 5$ mm 时,铆钉镦头直径 D 为 $(1.5\pm0.1)d$。铆钉长度 L 根据铆钉直径、铆接件的总厚度选择,$L=\Sigma t+Kd$,K 取值1.3~1.4。镦头的最小高度一般可取 $0.4d$。

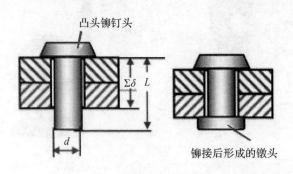

图4-32 普通铆钉铆接后的镦头

表 4 - 22　普通铆钉长度等参数及铆接质量要求(GB/T 152.1 - 2014) 单位:mm

铆钉直径 d	2	2.5	3.0	3.5	4
铆钉长度 L	$\Sigma t + 1.4d$	$\Sigma t + 1.4d$		$\Sigma t + 1.3d$	
铆钉孔径 D	2.1	2.6	3.1	3.6	4.2
镦头直径 $d_{镦头}$	3.0 ± 0.2	3.8 ± 0.25	4.5 ± 0.3	5.2 ± 0.3	6.0 ± 0.4
镦头最小高度 $h1$	0.8	1.0	1.2	1.4	1.6
钉头与镦头同轴度	< 0.6	$\Phi 0.4$		$\Phi 0.6$	

3.压铆装配连接流程

复合材料铆接如图 4 - 33 所示,图 4 - 33(a)图为玻璃纤维树脂基复合材料铆接件,图 4 - 33(b)为复合材料制品的压铆操作。

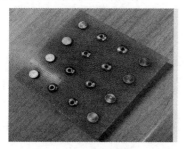

（a）复合材料铆接件　　　　　　　　　（b）压铆操作

图 4 - 33　复合材料铆接

铆接连接主要包括定位、夹紧、钻孔、铆接几个工艺过程。

复合材料压铆操作流程如下:

(1)准备工作。场地整理;准备工装夹具、刀具、量具及辅助垫板等;检查装配零件,不应损伤,边缘线及定位孔符合要求。试钻孔、试锪孔、调整锪窝限位器深度。

(2)划线→钻 2.6 导孔→定位→钻终孔(锪窝)→修尺寸→分解、去除毛刺、清洗除尘→复位组装→调节压铆机、试铆直至合格→正式压铆铆接→修整外形、去毛刺、清洗。

(3)检测铆钉质量:测量镦头尺寸、检测铆钉是否合格,不合格的铆钉做标记。

(4)拆铆后重铆:拆除不合格铆钉→检查铆钉孔是否受损→铆接→清理复材连接制件。

(5)清点工具,整理物品、打扫卫生。

4.手提式压铆机压铆操作程序

(1)按工艺规程、根据产品结构特点选择所需压铆机的钳口形式及压铆力。

(2)在手提压铆机的固定臂和活动臂上安装压铆冲头,铆接平头铆钉时铆钉头放置在固定臂上。

(3)测量铆缝夹层的总厚度 Σt。$\Sigma t =$ 工件厚度 $t_1 +$ 工件厚度 $t_2 +$ 垫圈厚度 $t_3 +$ 铆钉头厚度 $t_{钉头}$,单位 mm。

(4)计算铆钉镦头高度 $h_{镦头}$。可以按工艺文件所要求的合格镦头尺寸取镦头高度值;或者也可以计算 $h_{镦头}$,一般当 $d \leqslant 5$ 时镦头高度 $h_{镦头} = (0.5 \pm 0.1)d$,d 为铆钉直径。例如,已知

铆钉直径 d 为 4mm 时；铆钉镦头最小高度 $h_{\min}=0.4d=1.6$ mm；镦头最大高度 $h_{\max}=0.6$ $d=2.4$ mm。

(5)计算压铆行程 $h=\Sigma\,t\,+h_{镦头}=t_1+t_2+t_3+\,t_{钉头}+h_{镦头}$，其中 $h_{镦头}$ 可按最小镦头高度 $h_{\min}$ 取值。

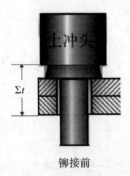 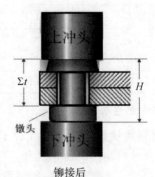

铆接前　　　　　　　　　　　铆接后

图 4-34　计算压铆行程 H

(6)调整上下冲头间的距离为行程 H：接通气源，扳动压铆机的气门按钮，使活动臂运动至极限位置，调整固定臂上的可调冲头位置，用游标卡尺测量上、下冲头之间的距离(或固定冲头与活动冲头之间的距离)直至获得所需要尺寸 H。

(7)试铆：用于结构等厚度的试件应试铆 1~3 个铆钉，经检查合格后，才能在正式产品上铆接。

(8)压铆一般采用正铆法，固定臂上的冲头应首先接触铆钉头，并调整铆接件外表面与冲头垂直，然后扳动压铆机气门按钮进行压铆。

(9)铆接后测量镦头尺寸，将不合格的铆钉标记后拆除，重新铆接。

5.铆钉质量检查

(1)铆钉头质量要求：标准镦头应呈鼓形，不允许呈"喇叭形"或"马蹄形"；目测铆钉头及镦头表面不允许出现伤痕、压坑、切痕、下陷、裂纹和其他机械损伤；铆钉头及镦头均应与铆接零件表面贴合，允许不贴合的单向间隙<0.05 mm。沉头铆钉允许凸出蒙皮 0.02~0.05 mm 的高度，或满足技术条件规定值。

(2)检查最小镦头高度为 0.4 d，当 $d\leqslant5$ 时，镦头直径 $D=1.4$ d~1.6 d，可者按产品质量要求。

(3)标准镦头的端面应平行于铆接件表面，相对于铆接件表面的平行度允差不大于 0.1 倍铆钉直径。在未锪平的斜面零件上铆接，应将其镦头置于斜面上。

6.不合格铆钉拆除方法

铆接件的质量检查中，当发现铆钉材料或规格不对，镦头形状及尺寸不合要求或者镦头上有裂纹等缺陷时，就需要拆除并更换这些不合格的铆钉。

(1)镦头直径过大、镦头高度过小——压铆机调整不准确。可拆除铆钉，更换大一级的铆钉补铆。

(2)铆钉头有裂纹一般是铆钉材料问题，更换铆钉后涂胶铆接。

(3)铆钉沉头孔四周有分层和凸起——锪窝过深，可更换大一级铆钉涂胶铆接。

(4)检测后不合格的铆钉应拆除。

要拆除铆钉需要将铆钉头去除,然后用冲头将铆钉从孔中冲出。铆接件表面不允许受到损伤时,应采用钻孔的方式拆除。

钻孔拆除铆钉的操作过程如图 4-35 所示。

(1)为了使钻头中心与铆钉杆中心对齐,需要在铆钉头中心处打样冲眼。如果是半圆头铆钉,可以用锉刀在半圆形铆钉头上锉一个小平面,再打样冲眼。

(2)用手转动钻夹头,使钻头在铆钉头上旋转出一个钻心点。

(3)选择比铆钉杆直径小 0.1 mm 的钻头在铆钉头上钻孔:左手托住钻身,并用左手指接触工件作为风钻的支撑点,使钻头处于铆钉头中心钻孔,如果钻头偏离了铆钉头中心位置,可将风钻先偏斜适当角度,调整钻头钻到铆钉头中心,再使风钻垂直铆钉头,钻孔深度应稍超过铆钉头高度,使铆钉头容易脱离,如图 4-35(b)所示。

(4)铆钉头孔中插入合适的冲头或铁棒将铆钉头轻轻撬去,如图 4-35(c)所示。

(5)用顶铁顶住零件,防止零件变形,用小于底孔直径的冲头将铆钉杆冲出。

检查铆钉质量,当 $d \leqslant 5$ 时,镦头直径 $D_1 = (1.5 \pm 0.1)d$,$d > 5$ 时,$D_1 = (1.45 \pm 0.1)d$。对不合格的铆钉进行拆除,如图 4-35 所示。

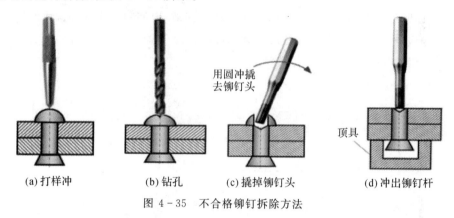

(a)打样冲　　　　(b)钻孔　　　　(c)撬掉铆钉头　　　　(d)冲出铆钉杆

图 4-35　不合格铆钉拆除方法

三、复合材料拉铆连接技术

1.单面螺纹抽芯铆钉

单面螺纹抽芯铆钉(抽钉)由芯杆、钉套、钉体 塑料环圈及驱动螺母组成,如图 3-36 所示。单面螺纹抽钉的特点是:在一面进行安装并操作,锁紧力矩大,重量轻,夹紧力可控,安装方便。

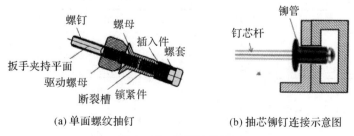

(a)单面螺纹抽钉　　　　(b)抽芯铆钉连接示意图

图 4-36　单面抽芯铆钉

安装工艺:将单面抽钉从连接件一侧插入构件连接孔内并安装专用拉拔工具,起动安装工具,拉杆拉拔钉套,镦头开始成形并夹紧板材,继续拧紧至板材完全夹紧,端头完全成形,拧紧力矩达到断裂槽的控制值后,芯杆断开,如图4-37所示。

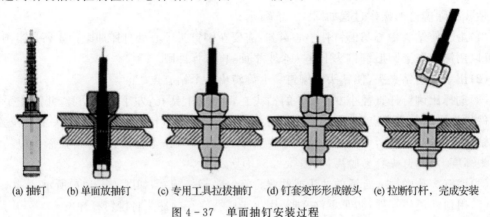

(a) 抽钉　　(b) 单面放抽钉　　(c) 专用工具拉拔抽钉　　(d) 钉套变形形成镦头　　(e) 拉断钉杆,完成安装

图4-37　单面抽钉安装过程

2.开口型抽芯铆钉

抽芯铆钉铆接特点:属于单面铆接,用于结构不开敞、不便于双面进行铆接的场合。

开口型抽芯铆钉系列:按材质有铝合金、不锈钢、钛合金等,按头型有扁圆头、大帽檐、沉头等,如图4-38所示。

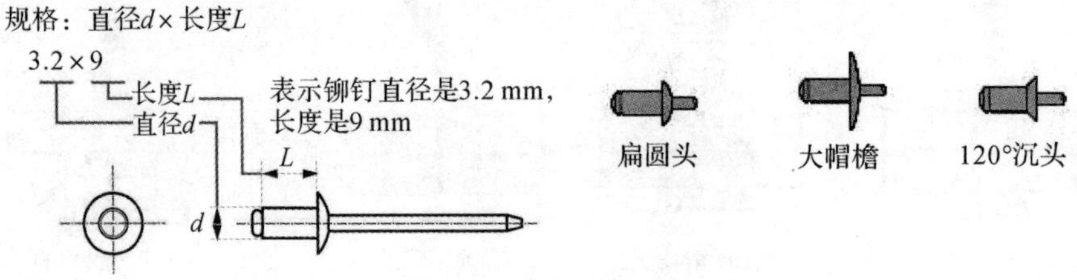

图4-38　开口型抽芯铆钉

开口型抽芯铆钉的直径为2.4 mm,3 mm,3.2 mm,4 mm,4.8 mm,5 mm,6 mm,6.4 mm。常用的铆管直径为3.2,4 mm。铆管长度是其主要部位,要求的铆管长度为铆接板材总厚度加上4～6 mm,一般按产品目录取值。标准帽檐直径大小一般是铆管直径的2倍,复合材料可以采用大帽檐的抽芯铆钉,以防止孔周的挤压破坏。抽芯铆钉安装孔的尺寸一般比铆钉直径大0.1～0.2 mm,最好按产品目录提供的孔直径来取值。开口型抽芯铆钉常用规格参数表见表4-23。

表4-23　开口型抽芯铆钉常用规格参数表　　　　单位:mm

铆管直径	铆管长度	铆接范围	帽沿直径	帽沿厚度	钻孔大小	钉芯长度
2.4	4	0.5～2.0	5	0.65	2.5	27
	6	2.0～4.0	5	0.65	2.5	27
	8	4.0～6.0	5	0.65	2.5	27
	10	6.0～8.0	5	0.65	2.5	27
	12	8.0～10.0	5	0.65	2.5	27

续　表

单位:mm

铆管直径	铆管长度	铆接范围	帽沿直径	帽沿厚度	钻孔大小	钉芯长度
3	6	1.0～3.5	6.5	0.8	3.1	27
	8	3.5～5.5	6.5	0.8	3.1	27
	10	5.5～7.0	6.5	0.8	3.1	27
	12	7.0～9.0	6.5	0.8	3.1	27
	14	9.0～11.0	6.5	0.8	3.1	27
	16	11.0～13.0	6.5	0.8	3.1	27
	18	13.0～15.0	6.5	0.8	3.1	27
	20	15.0～17.0	6.5	0.8	3.1	27
3.2	6	1.0～3.5	6.5	0.8	3.3	27
	8	3.5～5.5	6.5	0.8	3.3	27
	10	5.5～7.0	6.5	0.8	3.3	27
	12	7.0～9.0	6.5	0.8	3.3	27
	14	9.0～11.0	6.5	0.8	3.3	27
	16	11.0～13.0	6.5	0.8	3.3	27
	18	13.0～15.0	6.5	0.8	3.3	27
	20	15.0～17.0	6.5	0.8	3.3	27
	25	17.0～22.0	6.5	0.8	3.3	27
4	6	1.0～3.0	8	1	4.1	27
	8	3.0～5.0	8	1	4.1	27
	10	5.0～6.5	8	1	4.1	27
	12	6.5～8.5	8	1	4.1	27
	14	8.5～10.5	8	1	4.1	27
	16	10.5～12.5	8	1	4.1	27
	18	12.5～14.5	8	1	4.1	27
	20	14.5～16.5	8	1	4.1	27
	25	16.5～21.5	8	1	4.1	27
	30	21.5～26.0	8	1	4.1	27
	35	26.0～30	8	1	4.1	27

　　抽芯铆钉安装时需要采用专用工具,专用拉铆枪(手动、电动、气动),按铆钉直径大小选择相应铆枪。拉铆枪有手动、气动、电动,手动拉铆枪有双手操作及单手操作两种,如图 4-39所示。

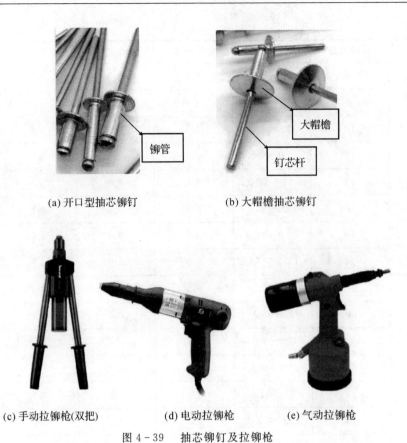

(a) 开口型抽芯铆钉　　　　　　　(b) 大帽檐抽芯铆钉

(c) 手动拉铆枪(双把)　　　(d) 电动拉铆枪　　　(e) 气动拉铆枪

图 4-39　抽芯铆钉及拉铆枪

抽芯铆钉铆接时常见问题如图 4-40 所示。

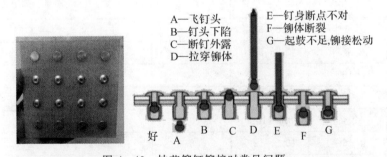

图 4-40　抽芯铆钉铆接时常见问题

任务5　制作复合材料机械连接件

复合材料机械连接——铆接任务单见表 4-24。

表 4 - 24　任务单

任务单	复合材料机械连接——铆接	第　　组　组员：

以组为单位,完成复合材料机械连接——气动压铆及拉铆铆接:

(1)根据铆钉直径 $\varphi 4$ 及板厚计算铆钉长度,选择标准铆钉长度规格;

(2)根据铆钉孔边距 3d、孔距 5d,确定孔位;

(3)铆接工序:划线、定位、压紧、钻孔、锪孔、清理、铆接;

(4)自检,对不合格的铆钉分解重铆;

(5)清理整理

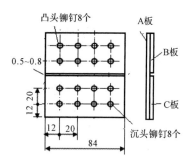

知识点	铆钉长度选择、复合材料铆接要点
能力要求	会计算铆钉长度、会选择铆钉、会选择铆接方式、会压铆和拉铆操作
耗材	复合材料板、铆钉、铝板、垫圈、纸胶带
工具、设备	手提式压铆机、拉铆枪、穿心夹、航空弹簧侧夹、C 形夹、专用安装钳

工序	工序主要内容	配分	过程考核	得分
1. 前期准备	①加工打磨被连接件外形至尺寸要求; ②根据所给铆钉标准尺寸规格计算铆接件厚度,选择铆接参数,计算钉距为:＿＿＿,边距为＿＿＿; ③计算平锥头铆钉长度:＿＿＿;选择标准铆钉长度＿＿＿	10	打磨过程无防护措施扣10分; 计算错误扣5分; 无记录扣10分	
2. 划线定孔位	纸胶带保护表面,用钢板尺复合材料专用画线笔,按图纸在板上划线确定孔的中心位置	5	划线损伤复合材料板扣 5 分	
3. 定位后夹紧	定位、试装配调整板的相对位置;用 C 形夹或弹簧侧夹夹紧两板,确定孔中心	5	夹紧损伤复合材料板扣 5 分	
4. 钻孔,安穿心夹	钻 2.6 孔,放入穿心夹	5	无吸尘保护扣5 分。	
5. 扩孔、锪孔	①扩孔 3.6 至 4.1; ②若有沉头孔,则扩孔至锪窝钻导柱直径并锪孔	5	无扩孔直接用4.1 钻头钻孔扣5 分	
6. 分解、清理	取下穿心夹或 C 形夹、分开复合材料板清理杂质粉尘	5	无分解清理扣5 分	
8.重新定位安装	重新安装,夹紧两板	5		

续　表

任务单	复合材料机械连接——铆接		第　组　组员:	
8. 铆接—压铆;	(1)调整压铆机行程; ①计算压铆机行程为:$H=$ _____ ; ②调整压铆机行程,使其满足要求的镦头高度	10	计算错误扣5分 无记录扣5分	
	(2)试铆:相同规格试板试铆至连续 3 个合格铆钉检测铆钉镦头最小高度尺寸应为 0.4d; (3)正式铆接:用便携式压铆机对平锥头实心铆钉进行压铆操作	10	没有试铆扣5分	
9. 铆接—拉铆	①计算铆接总厚度为:_____ ; ②选择抽芯铆钉尺寸规格为:____ ; ③试铆相同规格试板试铆至连续 3 个合格铆钉; ④用拉铆抢对抽芯铆钉进行拉铆操作	10	计算错误扣5分; 无记录扣5分	
10.检查	检查各铆钉质量,不合格的做好标记	10	无检测扣完	
11. 分解重铆	不合格的铆钉分解拆除后进行重铆	10	分解导致损伤扣 5 分	
12.清理	打扫卫生、整理实训室	10	无清理扣5分	
素养	①违反安全操作规程扣 10 分/次,造成不良后果,本项目 0 分; ②上课随意打闹扣 10 分/次,造成不良后果,本项目 0 分; ③上课期间迟到、早退、无故脱岗、玩手机扣 10 分/次,无故缺勤扣 30 分,正常请假手续课后补齐,未按要求穿实训服扣 10 分/次; ④操作场地及工作台环境脏乱扣 5 分,值日未打扫卫生扣 20 分			
	总得分(满分 50 分)			

习　题

一、填空题

1.在复合材料制品上钻孔时由于层压板的层间剪切强度低,钻孔时的轴向分力容易引起 _____ 缺陷。当同时在复合材料板和金属材料板上制孔时,为避免金属材料切屑划伤孔壁应将 _____ 板放下方。

2.复合材料紧固件连接通常采用 _____ 配合,若采用过盈配合,容易造成 _____ ,或者可以添加金属衬套再采用小的过盈配合。

3.当同时在复合材料和金属零件上制孔时,若从复合材料钻向金属材料时,容易造成 _____ 。

4.机械连接的方式按照是否有起连接作用的搭接板来分通常有＿＿＿＿＿＿＿＿＿＿和＿＿＿＿＿＿＿＿＿＿＿＿两种。

5.普通材料的钻头不适用于碳纤维复合材料制件的钻孔,通常选择＿＿＿＿＿材料或金刚石涂层刀具。

6.复合材料机械连接理想的破坏模式为＿＿＿＿＿＿＿＿,这种破坏形式通常不会引起复合材料结构的灾难性破坏。尽量避免产生＿＿＿＿＿＿＿＿及＿＿＿＿＿＿＿＿＿＿这两种破坏模式。

7.螺栓材料的选择应考虑＿＿＿＿＿＿＿＿＿＿问题,对碳纤维复合材料结构,最好选用钛螺栓,因两者的电位差较小。

8.铝螺栓用于碳纤维复合材料结构件机械连接时,会产生＿＿＿＿＿＿＿,所以通常用钛螺栓。

9.复合材料紧固件连接通常不采用＿＿＿＿＿＿＿＿＿＿配合。

10.复合材料机械连接装配后,5 种破坏模式是＿＿＿＿、＿＿＿＿、＿＿＿＿、＿＿＿＿、＿＿＿＿。

11.复合材料机械连接中较危险的破坏形式是＿＿＿＿＿＿＿和＿＿＿＿＿＿＿,这两种低强度破坏形式通常会引起复合材料结构的灾难性破坏。

12.复合材料机械连接 5 种破坏模式中,属于局部破坏承载能力最高的是＿＿＿＿＿＿＿。会引起复合材料结构的灾难性破坏的是＿＿＿＿＿＿＿、＿＿＿＿＿＿＿。

13.为防止钻孔时的孔出口面产生分层,采取的措施是＿＿＿＿＿＿＿＿。

14.对于夹层板结构连接,由于夹层板的面板较薄,为提高夹层板局部的抗挤压和抗拉脱能力,通常采用各种形式的＿＿＿＿＿＿＿＿＿进行局部加强。

15.为了防止＿＿＿＿＿＿＿＿＿,通常在铝合金和碳纤维复合材料构件间加一层由玻璃纤维构成的隔离层。

16.沉头铆钉铆接后检查要求:＿＿＿＿＿＿＿＿不得凹下,可以凸出<0.1 mm 高。

17.在拉伸、剪切、剥离、压缩几种受力情况中,胶接接头受＿＿＿＿＿＿＿＿时,胶接接头承载能力最低。

二、选择题

1 复合材料上制孔时,可能出现的缺陷有(　　)。

A:孔口表面分层　　　　B:孔出口处撕裂　　　　C:孔壁损伤　　　　D:夹渣

2.复合材料装配具有以下特点(　　)。

A:复合材料零件外形有偏差时可以通过变形或校形来适应装配

B:复合材料零件不允许锤铆

C:复合材料零件尺寸公差一般较大,故需考虑装配时的补偿

D:复合材料零件钻孔时问题较多,容易产生分层缺陷

3.复合材料制品钻孔时需要夹紧,正确的说法是(　　)。

A:夹紧不能破坏定位时的正确位置

B:夹紧后工件变形应尽可能小

C:夹紧力的作用方向应垂直于工件的主定位面

D:施加的夹紧力越大越好

4.螺钉连接的机械防松方式有(　　　)。

A:双螺母防松　　　B:串联钢丝　　　C:开口销＋开槽螺母组合　　　D:弹簧垫圈铆

三、判断题

1.树脂基复合材料铆接时,铆钉直径一般不宜过大,否则不仅铆钉镦头成形困难且容易损伤复合材料板。　　　　　　　　　　　　　　　　　　　　　　　　　　　　　(　　)

2.不管是螺接还是铆接,其钉头除了有气动外形要求的部位外,一般尽量用凸头。(　　)

3.普通钻头钻碳纤维复合材料板上的孔时,通常在孔的出口面垫硬塑料板,垫板可以不用贴紧复合材料板。　　　　　　　　　　　　　　　　　　　　　　　　　　　(　　)

4.金属基复合材料铆接时,铆钉直径一般不超过 4 mm,,否则不仅铆钉镦头成形困难且容易损伤复合材料板。　　　　　　　　　　　　　　　　　　　　　　　　　　　(　　)

5.碳纤维树脂基复合材料的塑性较差,会造成多排紧固件连接载荷分配的不均匀,所以尽量不用超过两排紧固件的多钉连接形式。　　　　　　　　　　　　　　　　　　(　　)

6.复合材料机械连接,若紧固件直径过小,则会发生紧固件剪切破坏。　　　　(　　)

7.复合材料层压板较厚时一般不用铆接而采用螺接。　　　　　　　　　　　　(　　)

8.孔径与板厚的比值 $D/t＝1.0～2.0$ 时,连接强度最好,随着 D/t 的增大,连接强度降低。　　　　　　　　　　　　　　　　　　　　　　　　　　　　　　　　　(　　)

9.碳纤维树脂基复合材料的塑性较差,尽量不用多于两排紧固件的多钉连接形式。

(　　)

10.螺栓的螺纹部分一般不允许处在孔的挤压部位。　　　　　　　　　　　　(　　)

11.由于铆接时铆钉产生塑性变形,所以铆钉直径不宜过大。　　　　　　　　(　　)

12.碳纤维复合材料制品上采用不同材料螺栓装配时,不能混用。　　　　　　(　　)

13.复合材料板上钻孔时,必须在孔的出口面垫钢板,且垫板要贴紧复合材料板。(　　)

14.复合材料板上钻孔时,常在孔的出口面垫硬塑料板,且垫板要贴紧复合材料板。

(　　)

15.复合材料板上钻孔时,常在孔的出口面垫硬塑料板,垫板可以不用贴紧复合材料板。

(　　)

16.为防止钻孔时的孔出口面产生分层,复合材料层压板制孔时通常使用垫板,垫板与复合材料制件间应留有间隙。　　　　　　　　　　　　　　　　　　　　　　　(　　)

17.在一些承力不大,需要拆卸的部位上,铆钉连接应用较普遍。　　　　　　(　　)

18.在一些承力不大,不需要拆卸的部位上,铆钉连接应用较普遍。　　　　　(　　)

19.在一些承力较大,需要拆卸的部位上,螺栓连接应用较普遍。　　　　　　(　　)

四、简答题

1.复合材料机械连接接头的强度有哪些主要影响因素?

2.简述复合材料机械连接装配工艺流程。

3.复合材料钻孔时,需要注意什么?相对于在金属材料上钻孔,复合材料钻孔有哪些特点？在操作过程中需要注意哪些事项？

4.图 4-41 所示两块 4 mm 厚的复合材料板机械连接，试选择接头参数边距、列距、端距、行距。

5.有两块树脂基复合材料板，板厚均为 2 mm，①若采用普通平锥头铆钉铆接，按表选择普通铆钉规格，并计算镦头尺寸，压铆机调节尺寸？②如采用抽芯铆钉，主要尺寸有哪些？普通铆钉见表 4-25，抽芯铆钉见表 4-26。

6.图 4-42 机械连接接头，紧固件破坏剪应力为 80 MPa，层合板挤压破坏应力为 100 MPa，层合板板厚为 3 mm，板宽 20 mm，若已知载荷为 3 000 N，铆钉直径 $d=4$ mm。试问：

1）接头强度是否足够？

2）若强度不够，可能发生的破坏形式是什么？

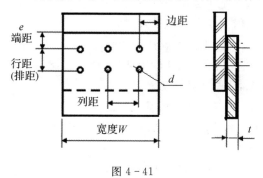

图 4-41

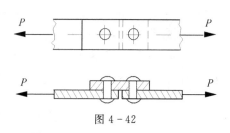

图 4-42

表 4-25　普通铆钉

d	2.5 2.6	3.0	3.5	4.0	5.0	6.0	7.0
$\Sigma\delta$	铆钉长度 L						
1	4	5		6			
2	5	6	6	7	8		
3	6	7	7	8	9	10	
4	7	8	8	9	10	11	12
5	8	9	9	10	11	12	13
6	9	10	10	11	12	13	14
7	10	11	11	12	13	14	15
8	11	12	12	13	14	15	16
9	12	13	13	14	15	16	17
10	13	13	14 11	15	16	17	18

表 4-26　抽芯铆钉

铆管直径	铆管长度	铆接范围	帽沿直径	帽沿厚度	钻孔大小	钉芯长度
3.2	6	1.0～3.5	8	1	3.3	27
	8	3.5～5.5	8	1	3.3	27
	10	5.5～7.0	8	1	3.3	27
	12	7.0～9.0	8	1	3.3	27
4	6	1.0～3.0	8	1	4.1	27
	8	3.0～5.0	8	1	4.1	27
	10	5.0～6.5	8	1	4.1	27
	12	6.5～8.5	8	1	4.1	27
4.8	6	1.5～2.5	9.5	1.1	4.9	27
	8	2.5～4.0	9.5	1.1	4.9	27
	10	4.0～6.0	9.5	1.1	4.9	27
	12	6.0～8.0	9.5	1.1	4.9	27

参 考 文 献

[1] 牛芳芳. 复合材料连接技术研究现状[J]. 粘接,2021,45(1):58-60.

[2] 耿丽松,杨茜茜,焦帅克,等. 复合材料连接结构挤压强度试验[J]. 机械研究与应用,2022,35(2):59-61.

[3] 王有良,张涛,俞伟元,等. 铝合金与树脂基复合材料连接技术综述[J]. 稀有金属材料与工程,2021,50(3):753-761.

[4] 虞浩清,刘爱平. 飞机复合材料结构修理[M]. 北京:中国民航出版社,2010.

[5] 谢鸣九. 复合材料连接技术[M]. 上海:上海交通大学出版社,2011.

[6] 唐见茂. 高性能纤维及复合材料[M]. 北京:化学工业出版社,2012.

[7] 郭金树. 复合材料件可制造技术[M]. 北京:航空工业出版社,2009.

[8] 赵渠森.先进树脂基复合材料手册[M].北京:机械工业出版社,2009.

[9] 张彦华,朱丽滨,谭海彦. 胶黏剂与胶接技术[M]. 北京:化学工业出版社,2018.

[10] 唐见茂. 高性能纤维及复合材料[M]. 北京:化学工业出版社,2012.

[11] 陈祥宝. 聚合物基复合材料手册[M]. 北京:化学工业出版社,2004.

[12] 张子龙,向海,雷兴平. 航空非金属材料性能测试技术 Si 复合材料[M]. 北京:化学工业出版社,2014.

[13] 游敏,郑小玲. 胶接强度分析及应用[M]. 武汉:华中科技大学出版社,2009.

[14] 孙德林,余先纯. 胶黏剂与粘接技术基础[M]. 北京:化学工业出版社,2014.